如何設計
好網站之
UX與美學基礎

就我的第三本書而言，
再次感謝我先生似乎顯得有點多餘，
不過我還是要說：
如果沒有他，這本書（或我的其他書籍）便沒有機會出版。
安德烈，謝謝你成為我的最佳支持者以及我最好的朋友。

關於作者

崔西・奧斯朋（Tracy Osborn）是一位居住在加拿大多倫多的網頁設計師、網站開發人員和企業經營者。從十二歲開始建立的第一個網站迄今，奧斯朋一直對電腦、網際網路以及它們所能帶給人們的東西充滿興趣。

崔西畢業於加州理工大學聖路易斯・奧比斯保分校，獲得藝術與設計學士學位，並獲得圖形設計專業學位。在擔任網頁設計師五年之後，自學程式設計並創辦了自己的第一家新創公司 WeddingLovely（婚禮顧問公司）。

她也定期在各種相關技術會議上發表演講，包括 O'Reilly Fluent Conference 2016（歐萊禮的網站相關程式會議）、EuroPython 2017（歐洲最大的 Python 程式語言會議）和 DjangoCon US 2017（Django 應用框架程式會議）上的主題演講等。

精簡目錄

詳細目錄

致謝

這本書的想法醞釀了好幾年才完成，非常感謝所有聽過我演講的人，給予我回饋的人，支持我的想法並協助我使這本書實現的所有相關人士。

特別要感謝所有跟我一起冒險投資並支持 Hello Web Design Kickstarter 募資活動的人。這是我目前為止進行過最大型的活動，擁有 700 多位支持者，對我來說意義重大。因為這些人不僅願意花錢支持我，也在整個書籍製作過程中，為我加油打氣。

還要感謝 No Starch Press 的勇敢冒險，將這本書添加到他們的出版行列中。藉由他們的支持，讓這本書的影響力，遠遠超過我最初的想像。他們也花了無數時間跟我一起工作，努力改善本書的內容。我真的非常感謝能與這群夥伴一起合作。

代序

每當我把探索設計的觸角伸向「語意網」[註]的廣袤大海時，就會發現世上萬物在根本上有兩種完全不同的作法。第一種作法是類似這樣的哲學所驅動：「宇宙中所有事物應該都可以用理論描述出來」；另一種作法則寬容許多：「只需關注常見的使用案例」（人、地點、事件）即可，因為世界幾乎就只是這樣而已。從根本上看，常見的使用案例約佔現實世界實際案例的 80%，而如果你試著硬把剩下 20% 的例外現象編成程式碼的話，將會需要不成比例的大量工作時間。

我個人比較喜歡第二種方法，並且認為在許多方面都非常適用。舉例來說，在程式設計、素描、烹飪等方面，你都可以很快的先掌握住 80% 的基本要素，然後再花一輩子的時間，精通剩下的部分。我們當然不可能對每件事情都精通，因此我很願意先有足夠的技能就好，把省下的時間，拿來安排我自己真正想花時間完成的事。也許設計並非你的首要興趣，也許你決定把時間拿來努力編寫程式。但這並不表示你就要完全放棄設計，只要看完這本書，你仍然可以做出非常棒的網頁設計。

因為崔西非常了解網頁設計的基本知識，能幫各位省下許多功夫。她花多年時間學習、吸收和設計網頁。現在她已經對 80% 的常用網頁設計知識進行過濾，這些精挑細選過的知識，對你來說會最有幫助。

你可以把本書當成一本「金手指密碼」類型的書，內容輕薄但精要，剛好足夠告訴你成為一位完美的網頁設計師所需的一切知識。

註 即 semantic web、讓網路文件加上能被電腦理解的「語意」，亦即用標準的標記、語言和相關工具來擴充網際網路的溝通能力。

現在，請跟這本書打個招呼吧！

— 傑瑞米・基思（Jeremy Keith）
《Resilient Web Design》（彈性網頁設計）一書的作者
和 Clearleft 設計顧問公司的聯合創辦人

簡介

這本書並不是典型的「初學者」設計書。

初學者書籍通常會假設你想成為某種技能的專家。例如程式設計類書籍，會假設你想從事編寫程式或電腦工程師的工作；因此設計類的初學者書籍，當然會假設你想成為一位稱職的設計師。

然而如果你只想學到「剛好足夠」的設計概念，以便加強現有的工作內容呢？

我始終認為每個人除了應該熱情關注的現有工作之外，逐步提升自己的能力。我的個人經歷無法歸類在任何一種職業類別下，因為除了擁有藝術與設計學位之外，我也用 Python 來開發網站和各種應用，還建立了一家新創公司並擔任管理職務。因為在各種領域了解「足夠」的知識，對我的職業來說相當重要。

正如設計師如果能懂點程式撰寫，會對自己的設計有很大的幫助一樣。程式設計師（或是市場行銷人員、產品經理、銷售人員等）也可以從對設計的了解中，獲益匪淺。即使你並不擅長設計，也可能在某些時刻遇上設計的問題。例如製作簡報、為程式或專案項目建立使用者介面，或是建立個人網站等。如果你必須跟設計師一起協同工作的話，事先具有一些設計經驗，便可讓你與設計師進一步交流，理解他們的工作內容，並獲得更好的「溝通」經驗。

本書的目的並非讓你成為一位設計師，而是要讓你在需要設計時，能感到更為得心應手。

本書只著重於視覺內容，你在書中找不到 HTML、CSS 或前端開發和程式碼等。因為我們將致力於讓你的設計更美觀，以及最重要的，如何讓它們變得更好用。

設計是用來「解決問題」。即使你覺得自己是在讓作品「更美」（例如編輯簡報時），其實也是在努力使簡報裡的訊息變得更容易閱讀和理解。而在網頁的使用介面中，我們確實希望讓一切變得更加自然和易於使用，因為「好的設計」對於吸引和留住新用戶，以及提高設計的成功率而言，都非常重要。

在本書中，我們不僅會探討設計理論（以及某些設計原理背後的主要因素），還將探討一些常見設計問題的快速處理技巧和快速解決方案。舉例來說，除了分享有關顏色理論的知識外，也會同時分享一些配色資源，這些線上資源將協助你快速選取到美觀的配色。類似這樣的學習模式，將在整本書裡不斷重複出現，也就是不僅有許多快速處理的技巧，也會提供關於這些快速處理方式的原理解釋。

我的希望是讀到本書結尾時，你將對自己的設計充滿信心。然後，如果你真的想成為一位傳統的設計師，可尋找其他更傳統的「初學者」書籍，裡面應該會有關於設計理論和實踐的更多訊息。或者，你也可以只利用這本書，讓自己目前的工作得到美感上的協助。無論你屬於哪種情況，只要讀到這本書的結尾，你都將成為一位更棒的設計師。

現在就讓我們開始吧！

一崔西

第一章
如果你只想讀一章，就讀這一章吧

如果你剛好看到這本書，而且只有閱讀一章的時間，本章就是最適合你的一章。為什麼呢？因為本章要告訴你「增加設計功力」的速成方法。

好用比好看更重要

我知道你之所以會想買這本書的原因，無非就是想了解如何讓你的設計變得更美觀，但請先耐著性子聽我說：設計的「功能性」比美觀來得更為重要。

以 Craigslist 分類廣告網站為例，這麼多年以來，該網站基本上沒有什麼外觀上的變化，而且整體設計看起來也非常過時（圖 **1-1**）。

如果說網站設計的「外觀」最重要的話，那麼 Craigslist 可能早在幾年前，就會輸給其他後來出現的全新分類廣告網站。

不過，目前 Craigslist 仍然是分類廣告的首選網站，其原因就在於它的簡單易用。

圖 **1-1**：雖然沒有現代風格的設計，但 Craigslist 仍然是同類網站中的佼佼者。

由於沒有華麗浮誇的效果或是分散注意力的橫幅廣告，因此 Craigslist 讓發布廣告和搜尋現有廣告的過程，變得非常直覺簡單。

如果你擔心自己的網站過於簡單，而且看起來一點都不「現代」的話（也就是說你的網站並沒有追隨最新流行的設計趨勢，因為流行的設計並不一定就是好的設計），我可以在此向你保證「外觀」的重要性，絕對比不上你和用戶希望網站設計能夠達成的「實用」性。

有兩個重要步驟可以用來確認你的網站設計具有良好的「用戶體驗」：先了解自己的設計想要達到什麼樣的功能，再從別人的反應獲得回饋。

先確定設計應該達成的目標

如果你不知道設計目標為何，就無法追蹤設計的執行是否完善。不同類型的設計會具有不同的目標。舉例來說，你可能希望造訪網站者能夠完成這些操作：

- 填寫表格。

- 平均至少花 30 秒觀看一個頁面。

- 訂閱電子報。

- 發表評論。

你可能在有關用戶體驗的書籍中看過「轉換率」（conversion rates）這個名詞。這是一種比較炫的問法，白話一點就是「到底有多少百分比的人做了我希望他們做的事？」一旦決定好自己網站的「成功目標」之後，便可以對自己的設計做出更好的決策，衡量目前設計的效果，並提高轉換率。

要求別人觀看並評論你的設計

當你在網站上用了新的設計手法時，可能不太好意思向別人展示新的設計，怕別人看到了不喜歡或怕他們說出負面的評論。

請克服這種不安全感，因為將設計呈現在自己以外的人面前，才能讓你的設計獲得最大的改進。身位一位設計師，很難客觀評估自己設計的效果，因為我們經常會對潛在的問題視而不見。

對別人展示自己的設計，不但可以觀察大家是否真的會採行你想達到的設計目標，也能了解網站相關內容是否會讓用戶感到困惑，況且你也可能真的得到讚許。

用戶回饋雖然非常有用，但你並不需要遵循每個建議，或處理收到的每條評論。你可以把這些回饋記在腦子裡或寫成一份清單，如果許多人都提到類似的問題時，便應妥善處理這些需要修改的部分。有時也可能會從不同的人得到完全「矛盾」的回應，這樣也沒關係（不過如果其中一個建議比較符合你的「目標用戶」描述的話，這位建議者的回饋就更顯重要！）也許你會找到讓雙方都滿意的方法，或者根本不需要太過擔心。

改善設計的快速技巧

你可能會說：「但是崔西，我真的很想讓我的設計看起來更好看，而不只是更好用而已。」

我知道各位可能會產生這樣的疑問。設計的外觀確實會影響到用戶體驗，因此我要請你牢記一個關鍵概念（也適用於生活中的各種事物）來改進網頁的設計：減少雜亂。

減少雜亂便能產生更好看的設計

雜亂（就是你會在擁擠、不規則和混亂的設計上所看到的）是良好用戶體驗的最大阻礙，減少雜亂會讓網站看起來美觀又實用。

從這個概念的基礎上，我們可以進一步擴展出一些簡單易懂的設計原則：

使用格線架構

大多數設計師都會使用格線架構來減少雜亂。格線可以為設計建立骨架，錨定對齊物件，讓人對整體設計產生一種秩序感。即使只有幾個像素的位置差異，都可能讓你的設計顯得草率不專業。

我們將在第 2 章的 2.1 節中，更深入討論這項主題。

減少用色數量

充滿各種不同顏色的設計（例如 24 種不同的藍色加上 5 種不同的紅色等），看起來就會顯得擁擠。設置好特定的配色，並在你的設計裡只用這些顏色來建立出更具「凝聚力」的外觀。

我們將在第 2.2 節「色彩」中，深入討論這項主題。

限制自己只用兩種不同字體

雖然可以在導覽列用一種字體，在內文用另一種字體，然後按鈕用一種，標題再用一種 .... 但這樣肯定會讓你的整體設計變得雜亂不堪。因此，請限制使用字體的數量，用粗體、斜體、全大寫字以及其他方式，來創造設計上的變化與強調重點。

我們將在 2.3 節「排版」，更深入討論這項主題。

簡化內容

網頁上的大塊文字段落很容易顯得雜亂無章。因此請將句子簡化，並將每個段落限制最多由兩到三個句子組成（中文大約 100 字左右）。你也可以加入項目符號和小標題來區隔文字段落。網路上的讀者通常只會略讀文字，因此較短的段落能夠吸引更多的讀者閱讀。

我們將在第 2.6 節「內容」中，深入討論這項主題。

添加留白空間

留白是終極版的「雜亂消除器」。一般新設計師所犯的最大錯誤之一，就是把物件彼此貼得太近。在網頁元素（包括目錄、小工具、表單、按鈕、圖像、文字等）之間增加留白空間，就能讓整體設計更易於閱讀，更具現代感、通透感，也較為吸引人。

我們將在第 2.4 節「留白空間」中，更深入討論這項主題。

以上所有內容可以歸納為一句話：

> 「確保你的設計可用性高，並儘量減少頁面上的雜亂。」

這些建議可以讓你走在最佳設計的正確途徑上。在接下來的章節裡，我們將更詳細的探討這些重點。

2 | 第二章
理論與設計原則

讓我們更深入了解這些訊息，好嗎？

本章裡的每個小節都會盡量平衡「理論」（讓你了解這些設計相關事物的背景和原因）、「實際範例」（讓你可以看到理論的實際應用）和「快速技巧」（讓你快速應用這些設計原理，無需從頭開始做起）三方面。

我會告訴你一些應該記得的規則與建議。當然每條規則都可能有例外，每條規則也都可以打破。然而由於本章是針對初學者的學習，因此我們會希望你堅守這些原則。一旦你慢慢成為更熟練的設計師時，便能了解什麼時候適合「違規」一下。

逐漸深入研究每一小節時，我們會將這些設計原則應用於小工具範例上（如圖 **2-1** 所示）。

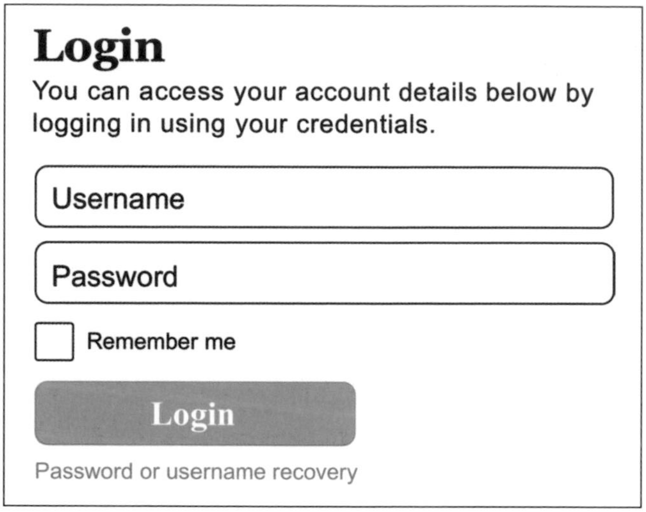

Login

You can access your account details below by logging in using your credentials.

| Username |
| Password |

☐ Remember me

Login

Password or username recovery

圖 **2-1**：一個（相當難看的）小工具，讓我們改善一下它的外觀吧？

現在能看到的東西不多，但隨著我們漸漸學會更多可以應用的知識後，就會讓它慢慢變得更好看。

讓我們開始吧！

2.1 網格

第一個設計原則非常簡單：把所有東西排整齊！

你可能聽過設計師經常抱怨這類情況：

設計師製作了一個「對齊像素」（pixel-perfect）的設計模型，然後把檔案傳給網站開發人員進行建構。當開發人員完成整體設計架構後，竟然跟原來設計的模型有所不同，例如某些元素的位置差了兩個像素！

開發人員會說：「這些愚蠢的設計師，為什麼要計較這點小事？看起來不是一模一樣嗎？」

這樣說吧，一點點像素的差異確實很重要，尤其對於網頁的元素來說更是如此。如果某個元素接近另一個元素但卻沒有對齊的話，可能就會產生一點不平衡的感覺，而這種一點點的混亂，便會導致整體視覺上的不悅與雜亂的感受（圖 **2-2**）。

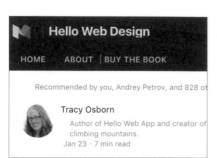
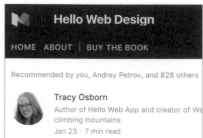

圖 **2-2**：這兩個螢幕截圖看起來大致相同，然而左圖的內容都有點沒對齊的情況，因此看起來較缺乏凝聚感與專業度。

要確保頁面元素彼此對齊，最簡單的方法就是在設計中加入網格。網格可以為你的網頁添加一副「隱形骨架」，就像一種可以用來設置和安排元素的鷹架，讓整體佈局看起來井然有序。將元素與設定好的網格對齊之後，便可協助整個設計達成整齊和一致性。

紐約時報網站（圖 **2-3**）使用五欄網格來管理大量訊息，在紅色頁面裡反白的這些線條就是分隔線。網格下的物件也可以橫跨不只一欄，某些元素亦可能突出於網格外，但是所有內容或多或少都會依附在網格上排列對齊。

你可以在頁面上使用任意數量的分欄（圖 **2-4**），但在方便設計的考量上，最常用的會是 12 欄的網格結構（圖 **2-5**）。

網格亦可協助你規劃網站的佈局，因為它會限制元素必須放置在某些區域，不必煩惱到底放哪裡適合，簡直就是「三贏」的好方法。

如果有一堆元素要放的話，請將它們排整齊（水平對齊、垂直對齊、或兩者均對齊）以便在頁面上產生「凝聚」的感受。

圖 2-3：《紐約時報》網站使用網格以有效管理首頁上大量的元素與展示項目。

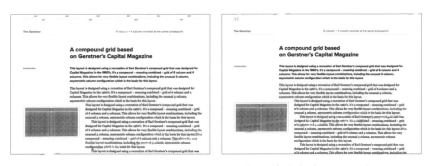

圖 2-4：Gridset 網站展示了帶有格線和沒有格線的複合式 4 + 6 網格。

圖 2-5：Bootstrap CSS 框架中 12 欄的網格系統。

快速技巧

這邊的理論很簡單，就是把一切排列整齊。有許多工具可以協助我們輕鬆使用網格。

網站模型應用程式裡的網格

如果您要處理的東西不會在 CSS 裡建立的話，就必須為你的設計加上參考線。

所有用來建立網站模型的應用程式（例如 Photoshop、Sketch 或 GIMP），都可以把參考線設置為浮動在設計之上，讓你可以很輕鬆的把所有元素對齊參考線。

如果你是用 Photoshop 來建立網站模型，便可使用有網格的範本為網站佈局，而且可以用跟你的「網站框架系統」相同的分欄設定（**圖 2-6**）。

圖 2-6：從 Photoshop 左側和頂部的尺標，可以往右或往下拖移出參考線。

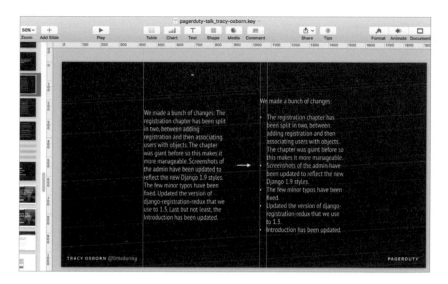

圖 **2-7**：Keynote 也可以從尺標拉出參考線，許多應用程式都有類似的功能。

在大部分簡報程式或其他可製作簡單版面設計的應用程式裡（例如 Keynote，**圖 2-7**），都可使用參考線。

就簡報設計來說，並不需要在版面上添加一整個 12 欄的網格，圖 2-7 所示的版面只有幾條參考線，就已足夠讓不同頁面上的元素，依據相同的參考線對齊。

然而如果要做一些較為複雜的設計，便可到某些版型網站下載已經設置為多欄的專用版型，例如 960.gs（*hellobks.com/hwd/4*）網格系統網站等。

網頁設計專用的網格

強烈建議各位使用包含網格的 CSS 框架，例如 Bootstrap（*hellobks. com/hwd/5*）、Foundation（*hellobks.com/hwd/6*）、Skeleton（*hellobks. com/hwd/7*）、mini.css（*hellobks.com/hwd/8*）或 PureCSS（*hellobks. com/hwd/9*）（**圖 2-8**）。

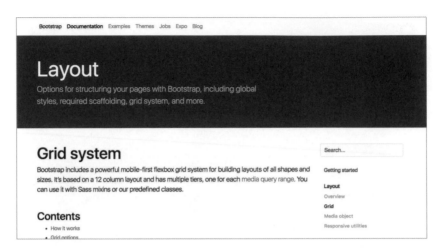

圖 2-8：Bootstrap CSS 框架中所包含的網格系統。

只要使用 HTML class 屬性，便可將你的設計約束在 CSS 網格之中。你的元素就會與頁面上的其他元素自動對齊（圖 2-9）。但請記住在 CSS 裡添加的其他外距或內距，都可能會讓頁面元素無法對齊。

.col .col-md-8		.col-6 .col-md-4
.col-6 .col-md-4	.col-6 .col-md-4	.col-6 .col-md-4
.col-6		.col-6

圖 2-9：Bootstrap 中包含的一些 CSS class 屬性，用來在網格中分欄對齊與設定物件位置。

CSS 正在加入一個稱為 CSS Grid（CSS 網格）的新元素（多方便啊！），可以在不使用 CSS 框架的情況下，就能簡單的把元素與網格對齊。在本書撰寫期間，CSS Grid 即將發布並為被大部分瀏覽器支援。雖然本書並非介紹 CSS 的專書，但是學習使用 CSS Grid，一定可以讓基於網格的設計，變得更加容易（圖 2-10）。

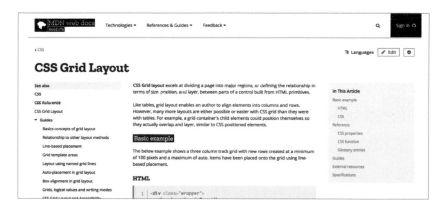

圖 2-10：Mozilla 開發人員網站（*hellobks.com/hwd/10*）上的 CSS Grid 網格元素相關文章。

實際範例

還記得本章一開始介紹過的小工具範例嗎？現在我們就來更新一下設計，也就是對齊元素（圖 2-11）。

Login

You can access your account details below by logging in using your credentials.

```
Username
```

```
Password
```

☐ Remember me

Login

Password or username recovery

Login

You can access your account details below by logging in using your credentials.

```
Username
```

```
Password
```

☐ Remember me

Login

Password or username recovery

圖 2-11：左圖是未改變前的小工具。右圖則是將所有元素的邊緣對齊，讓它看起來更整齊而不雜亂。

儘管這個小工具看起來還有點怪（畢竟我們才剛剛起步），但我們可以看到這麼一點小小的改變，已經產生了相當明顯的正面影響。現在，所有內部元素都已對齊，包括標題、內文、輸入項目、按鈕等。雖然輸入項目區的佔位文字，因表單中的內距而顯得略微偏右，但其元素已經與網格對齊，因此整體感覺也較為連貫，不會覺得雜亂。

再次強調：請把所有內容排列整齊。利用參考線讓頁面元素對齊這些隱形的網格，並請記住微小的像素差異和未對齊的元素，都可能會讓設計感覺凌亂。雖然偶爾可以違反規則跳出網格一下（哈哈），但對大多數頁面元素而言，只要使用網格對齊，便可創建出更乾淨、更條理分明的設計。

接下來，我們要談談「色彩」的部分！

2.2 色彩

色彩對設計非常重要，而且是一個牽涉極廣的主題。當所有彩虹般的各種顏色，都出現在你唾手可及的情況下時，到底該如何選擇正確的顏色呢？「色彩理論」之所以能成為設計系相關專業學生「一整個學期」的課程，絕對有其必要性。

在我自己上的色彩理論課程中，必須在從黑色到白色的色板裡，建立出 20 種顏色所形成的完美漸層。我發現最可行的方法便是先繪製出 200 多個色板，亦即用黑色顏料，加進一滴白色顏料，繪製第一個色板後，再加一滴白色顏料，再塗另一塊色板 .... 然後把完成的這幾百個色板，範圍縮小成 20 個完美的色階，也就是從白色到黑色的平均色階。

各位不必擔心，我不會讓大家做這項練習。你只要閱讀這本書，就能省掉這些調色的時間和精力！

一般色彩理論課程裡，包含許多我們將跳過解釋的術語，例如 CMYK 與 RGB 色彩、和諧配色理論和色環、三角配色和類比配色等，這些術語真的很快就會讓你難以招架。所以我會對色彩理論進行比較通論性的概述，目的是讓你盡快適應色彩理論。而在本章結尾，我也會提供跟色彩有關的線上資源，讓有興趣的讀者可以對我們談到的色彩主題，更深入了解。

紅色：積極的、重要的、熱情的

橘色：精力充沛的、好玩的、負擔的起

黃色：友善的、快樂的、專注的

綠色：成長的、自然的、成功的

藍色：值得信賴的、使人寬慰的、放鬆的

紫色：奢華的、浪漫的、神秘的

粉色：俏皮的、天真的、年輕的

棕色：穩定的、鄉村的、樸實無華的

黑色：強大的、精緻的、前衛的

白色：善良的、無菌的、健康的

灰色：正式的、中立的、專業的

乳白色：安靜的、沉穩的、優雅的

首先要學習的是「色彩心理學」。這是一種色彩「技巧」，可以用來激發作品中的各種感覺。色彩會影響到你的設計如何被感受和認知的方式。從一般的共同感受而言，特定的顏色通常會引起特定的感受：

- **紅色**：積極的、重要的、熱情的

- **橘色**：精力充沛的、好玩的、負擔的起

- **黃色**：友善的、快樂的、專注的

- **綠色**：成長的、自然的、成功的

- **藍色**：值得信賴、使人寬慰的、放鬆的

- **紫色**：奢華的、浪漫的、神秘的

- **粉色**：俏皮的、天真的、年輕的

- **棕色**：穩定的、鄉村的、樸實無華的

- **黑色**：強大的、精緻的、前衛的

- **白色**：善良的、無菌的、健康的

- **灰色**：正式的、中立的、專業的

- **乳白色**：安靜的、沉穩的、優雅的

如果希望你的設計可以帶來「成功」和「穩定」的感受時，綠色和藍色是你可以使用的最佳顏色；如果要為一家現代的時尚酒店製作網站時，就應該用黑色和紫色。一般而言，暖色系（紅色、黃色）會更充滿活力和刺激感，而較冷色系（如藍色、紫色）則會更穩定和冷靜。

值得注意的是，這些顏色都屬於西方文化薰陶下的相關感受。如果你是為另一種特定文化設計的話，最好多花點時間研究這類文化，觀察他們是否具有任何特定的顏色含義。例如中國在哀悼時用的顏色是白色，而西方文化在致祭哀悼則多用黑色。

你當然也可以用「鮮豔」與否的方式來配色。那些色調比較沉穩和緩的網頁，例如由 Oblio 公司製作的「Keep Earthquakes Weird」網站上的「Keep Portland Weird」（**圖 2-12 左**）網頁所使用的和諧色調，就會比明亮鮮豔色調的網頁（例如 Citysets 網站上所使用的藍色色調）來得更安定也更細緻。因為就「色彩心理學」而言，藍色雖然比較令人放鬆，但是鮮豔且令人眼睛為之一亮的藍色，也能讓人感受到活力充沛（**圖 2-12 右**）。

所以這些色彩理論並非一成不變的規則，你當然也可以用紅色創造出一個安靜、優雅的網站。然而這些色彩心理學方面的快速技巧，等於為我們提供了一個起點，讓你在開始設計時，不被顏色上的大量選擇而淹沒。

圖 **2-12**：較不鮮豔的色調（左）比起較明亮、醒目的設計（右），顯得更平靜且不會那麼活躍。

快速技巧

現在我們已經掌握了一些關於色彩的基本知識，接著要來看一些可以節省時間的快速技巧。

限制使用的顏色數量

為了避免在設計上任意使用顏色的情況，我們應該先為網站設計預先選好 2 至 4 種顏色的配色方案，並將所有網頁元素限制只用這種配色方案。使用調色盤上選定的顏色，便可讓整個網站看起來不會太過雜亂（圖 **2-13**）。

用顏色讓自己的設計「跳」出來

建立調色盤時，請避開「全部明亮色」的誘惑。盡量使用大量灰色或更中性的顏色，再配上一個「跳一點」（鮮豔的明亮色）的顏色，便可輕鬆突顯頁面上的重要元素，而不會淪為雜亂的設計（圖 **2-14**）。

圖 2-13：Siminki 網站使用限制下的配色方案，使整體感覺更加統一。

圖 2-14：Habita 網站有很跳的配色。

注意頁面元素的對比

白色背景上使用淺灰色的文字，雖然看起來雅緻漂亮，對於有視覺障礙的讀者來說更是麻煩（圖 **2-15**）。即使是在彩色背景上使用彩色的文字，如果對比度不足的話，也可能為讀者帶來閱讀的困擾。

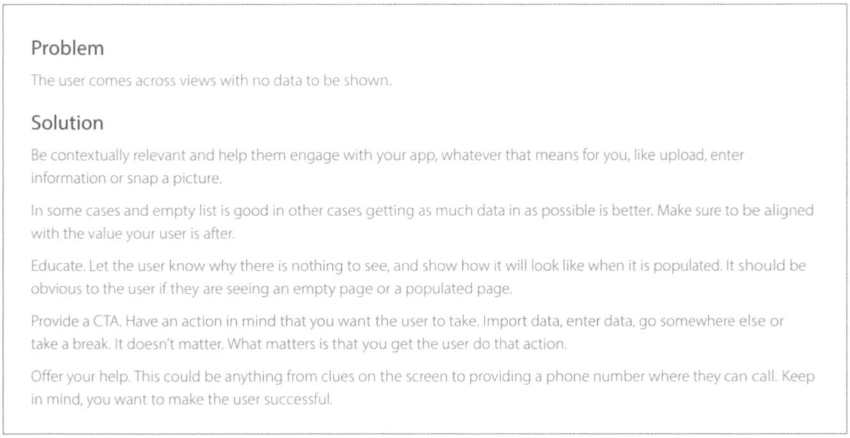

Problem

The user comes across views with no data to be shown.

Solution

Be contextually relevant and help them engage with your app, whatever that means for you, like upload, enter information or snap a picture.

In some cases and empty list is good in other cases getting as much data in as possible is better. Make sure to be aligned with the value your user is after.

Educate. Let the user know why there is nothing to see, and show how it will look like when it is populated. It should be obvious to the user if they are seeing an empty page or a populated page.

Provide a CTA. Have an action in mind that you want the user to take. Import data, enter data, go somewhere else or take a break. It doesn't matter. What matters is that you get the user do that action.

Offer your help. This could be anything from clues on the screen to providing a phone number where they can call. Keep in mind, you want to make the user successful.

圖 **2-15**：淺灰色文字在白色背景上的對比度較低，令人難以閱讀。

如有疑問，請使用諸如 WebAIM（*hellobks.com/hwd/25*）之類的「顏色對比檢查器」來確保網頁文字的可讀性。

請多利用配色網站

從頭開始建立調色盤裡的顏色，可能要花很長的時間和許多思考。幸好現在已經有大量的配色網站，可以協助我們選擇在設計中使用的調色盤。

Adobe Color CC（*hellobks.com/hwd/28*）可以依據你所選擇的基礎色調和各種配色方案，直接建立調色盤，通常我會建議各位使用網站提供的各項「補色」功能來建立調色盤（圖 **2-16**）。

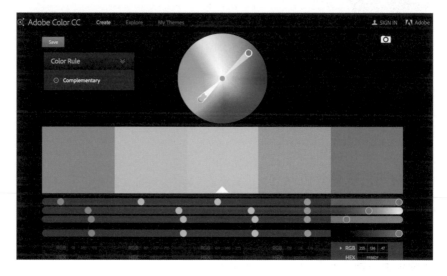

圖 **2-16**：Adobe Color CC 網站（*hellobks.com/hwd/28*）

Adobe 產品內容的螢幕截圖，已經過 Adobe Systems Incorporated 許可刊載。
此頁面的某些部分配色來自透過 Google 創建共享的作品，並根據「知識共享 3.0
許可」（Creative Commons 3.0 Attribution License）中所述條款使用。

Material Design Palette 網站（*hellobks.com/hwd/29*）會自動在範例設計中顯示顏色，這點非常方便，可以直接看到兩種顏色在網頁上的搭配效果（圖 **2-17**）。

圖 **2-17**：Material Design Palette 網站（*hellobks.com/hwd/29*）

另一個新選擇是 Colormind（*hellobks.com/hwd/30*）網站。它使用深度學習來產生調色盤，讓你可以在設定一種或多種特定顏色後，瀏覽各種搭配結果來產生自己的調色盤（圖 **2-18**）。

圖 2-18：Colormind 網站（*hellobks.com/hwd/30*）

請記住你可以根據需要，稍微更改調色盤中的顏色。它們並非一成不變，例如我經常發現必須讓某個顏色亮或暗一點，以便在設計裡能有更好的對比度。

實際範例

別太執著於特定的調色盤顏色，因為當你把顏色應用到網頁設計時，可能會發現原本喜歡的顏色效果並不理想。我通常會瀏覽好幾個調色盤的配色，直到找到最適合的顏色為止。

現在就可以把這些不同的調色盤顏色，套用到我們的小工具範例上（圖 **2-19**）。

最後一種調色盤的配色，讓小工具裡的文字有了良好的對比度，也讓按鈕有了不錯的「跳一點」的鮮豔顏色，加上令人感覺舒服的淺綠色背景，整體看起來相當不錯，而且當然比沒有顏色的原始版本來得更好！

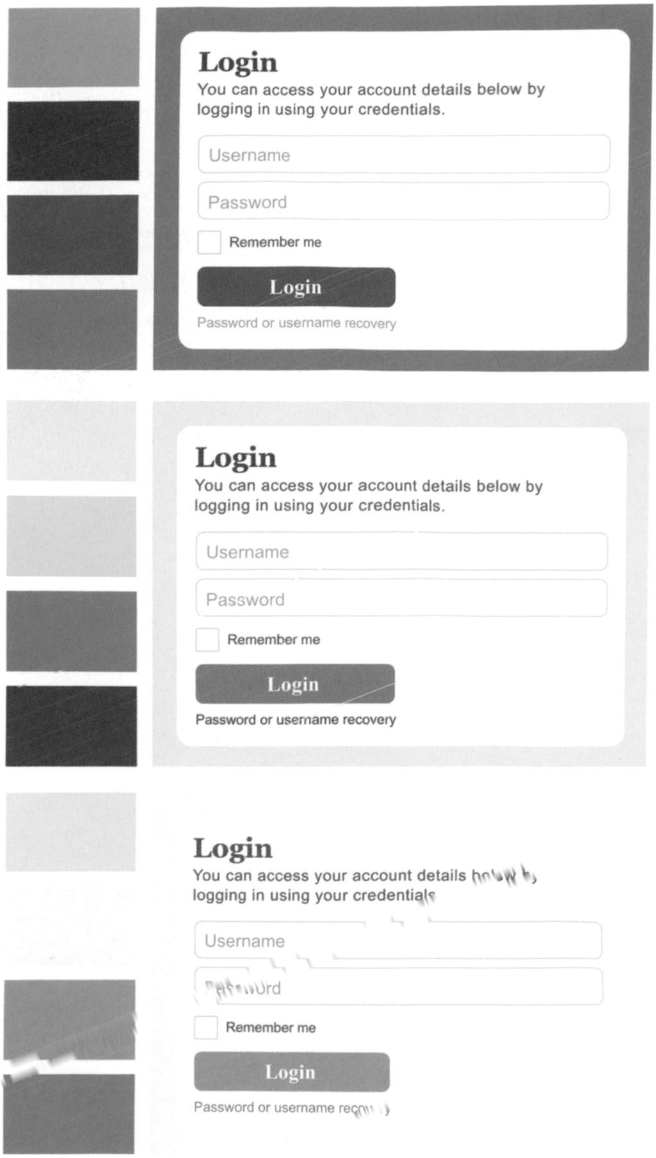

圖 2-19：運用不同的想法和選項，直到找到合適的調色盤為止。

想了解更多關於配色的內容嗎？Smashing Magazine 網站上的這篇「網頁開發人員的配色須知」（A Web Developers for Color），是我最喜歡的一篇網頁顏色理論文章：*hellobks.com/hwd/31*。

當手中握有幾百萬種顏色的情況下，要將選擇範圍縮小到適合網站的調色盤，確實是非常困難的一件事。只要使用我們提過的這些配色網站來產生調色盤，就能讓你的工作更輕鬆，配出顏色更為和諧的調色盤，用在自己的網站設計上。

接下來，我們要進入另一個大主題：排版與文字！

2.3 排版

如果你的設計裡包含了任何文字，你就是在「排版」。根據維基百科的說法：「排版是安排字體的藝術和技術，可以讓書面文字在顯示時清晰易讀且具有吸引力。」簡單的說，就是讓你的文字易於閱讀。

排版有可能看起來很漂亮，但非常難以閱讀（例如使用流行的淺灰色細瘦字體的網站）；也可能很容易閱讀，但看起來並不美觀（幾乎所有使用預設系統字體的網站都是如此）。兩個領域都要成功看起來似乎很難，但我們有許多很棒的快速技巧，可以讓你更容易成功。

在大學上排版課可能要花一整個學期，上課內容包括完整的排版理論、排版史 .... 等。因此取而代之，我會在一個小節的篇幅裡，將這些排版設計的大量訊息，濃縮成各種快速技巧。

各位在排版之前可能得先了解字體（font）和字體家族（typeface）之間的區別。正確的說「字體家族」是一群字體的「家族」或一些字體的「集合」。例如 Arial 是字體家族，Arial Bold 則是字體。一般人經常會混用這兩個術語（除非你是排版人員），甚至我們自己也可能會有混淆的情況。

排版基礎

首先我們要介紹一些有關排版的重要觀念和術語。

字體的類別

各種字體之間最主要的區別，在於它們是否包含了「襯線」（serif），襯線指的是字母在筆畫末端的小裝飾片段（圖 **2-20**）。

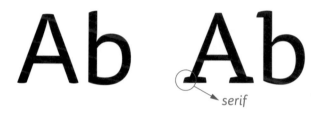

圖 2-20：非襯線字體 Tisa Sans Pro（左）與襯線字體 Tisa Pro（右）的比較。

一般而言，襯線字體較適合在「印刷」出來的文字上閱讀，而非襯線字體則更容易在「螢幕」上閱讀。印刷文字上的襯線可以協助眼睛快速閱讀文字，而在螢幕上區隔細小的襯線較為困難，因而阻礙了文字的可讀性（不過隨著螢幕技術在更新率和對比度上的進步，這種區別已經逐漸消失了）。

字體還可再進一步分成幾個類別（圖 **2-21**）：

- Slab serif（厚板襯線）：其襯線類似於「厚的板子」，比典型的襯線更粗、角度更明顯。

- Monospace（等寬字體）：每個字母均佔用相同寬度。通常在一般字體中，「i」這類較窄的字母，所佔的空間小於「m」這類較寬的字母。

- Display（顯示字體）：比較花俏，通常也較多飛勾筆畫的字體。雖然閱讀性可能不佳，但用來強調標題或較大文字時，效果很好。

- Handwriting（手寫字體）：看起來就像某人手寫的字體一樣，常會跟顯示字體混淆。

圖 2-21：厚板襯線字體（Chaparral Pro）、等寬字體（Courier New）、顯示字體（Buttermilk）和手寫字體（HanziPen TC）。

行距與行高

請確保你的內文字行與行之間不會太緊密，以免造成雜亂的感覺。在排版領域裡，段落中各行之間的間隔被稱為「行距」（leading，來自印刷人員手動為印刷鉛字的行與行之間所添加的鉛條）。在 CSS 裡的相同概念稱之為「line height」（行高，圖 2-22）。

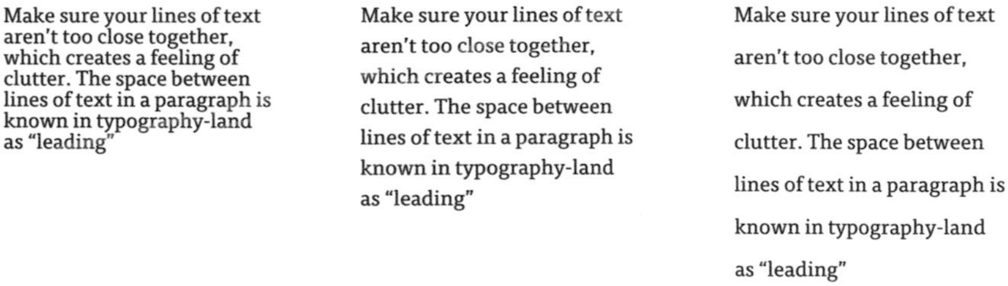

Make sure your lines of text aren't too close together, which creates a feeling of clutter. The space between lines of text in a paragraph is known in typography-land as "leading"

Make sure your lines of text aren't too close together, which creates a feeling of clutter. The space between lines of text in a paragraph is known in typography-land as "leading"

Make sure your lines of text aren't too close together, which creates a feeling of clutter. The space between lines of text in a paragraph is known in typography-land as "leading"

圖 2-22：文字的行距可能會因太近或太遠而影響可讀性，例圖中間的段落行距最為易讀。

盡量使用適當的間距，如果文字行之間離得太近或太遠，段落都會變得難以閱讀。因此請讓文字行間留一些距離，提高閱讀性並減少雜亂感。不過行與行的間隔也不可過多，以免又變成難以閱讀。1.6 倍的間隔是很好的起始比例（例如 12px 大小的字體，設定為 19.2px 的行高；14px 大小的字體，則設定為 22.4px 的行高）。請先任意調整行與行之間的距離，以便找到適合自己設計的內容間隔。

字距微調與字距調整

「字距微調」（kerning）是更改特定字母之間的距離，「字距調整」（letterspacing）則是一塊文字裡字母之間的間距調整。字距微調只會影響到相鄰兩個字母的間距，字距調整則會影響一群字母彼此的間距。跟行距一樣的情況，我們也不希望字母的間距太多或太少。幸好一般瀏覽器預設顯示的文字字距非常理想，CSS 可以用 letterspacing 屬性來調整字母間距，一般圖像設計軟體也能進行字距微調。較大的標題字在字距調近一些之後，效果看起來會更好；較小的文字則可以增加一些字距，讓效果更好（圖 **2-23**）。

Kerning is the process of changing the spacing between individual letters, and letter-spacing is the spacing between all letters (changing it affects every letter, whereas kerning affects only a pair of letters).

Kerning is the process of changing the spacing between individual letters, and letter-spacing is the spacing between all letters (changing it affects every letter, whereas kerning affects only a pair of letters).

圖 **2-23**：字母之間的距離太近，會讓單字和句子都難以閱讀。

排版原則

現在就讓我們來介紹一些在排版時，必須牢記的重要原則。

只用兩種字體進行設計

使用太多字體可能導致版面雜亂，因此請選擇一種字體作為標題，用另一種字體作為內文以簡化版面，如此也能讓整體設計看起來更加簡潔。若有必要，亦可用粗體、斜體、大寫字和其他樣式等，為文字創造出更多變化（圖 2-24）。

圖 2-24：混用多種字體會使整體設計感覺雜亂（左）。字體較少的版面，比較容易形成整齊的群落，看起來更專業。

避免內文字對齊或居中

文字齊行（justify）是指文字填滿整個欄寬，左右兩邊都對齊，而不是英文文字常見的左側對齊。由於我們在第 2.1 節討論過請大家將內容對齊，所以你可能也會想要讓一整段英文字的右側，像直線一樣的對齊（圖 2-25）。

Justified text is text that fits entirely in a column; both margins are justified rather than just one. Based on Section 2.1, where we discussed lining things up, you might be tempted to use justified text to create an even line on the right of the text

Justified text is text that fits entirely in a column; both margins are justified rather than just one. Based on Section 2.1, where we discussed lining things up, you might be tempted to use justified text to create an even line on the right of the text

圖 2-25：右側不對齊的文字（右）要比右側對齊的文字（左）容易閱讀。

然而，對齊文字右側會帶來一些嚴重的問題：

- 由於要讓文字填滿欄寬，文字之間可能因此被加入較大的、難看的間距。

- 單字之間的大空格可能連續出現在好幾行文字上，形成視覺上相當難看的一條條「空格之河」（圖 **2-26**）。

It was the White Rabbit, trotting slowly back again, and looking anxiously about as it went, as if it had lost something; and she heard it muttering to itself `The Duchess! The Duchess! Oh my dear paws! Oh my fur and whiskers! She'll get me executed, as sure as ferrets are ferrets! Where CAN I have dropped them, I wonder?' Alice guessed in a moment that it was looking for the fan and the pair of white kid gloves, and she very good-naturedly began hunting about for them, but they were nowhere to be seen-- everything seemed to have changed since her swim in the pool, and the great hall, with the glass table and the little door, had vanished completely.

It was the White Rabbit, trotting slowly back again, and looking anxiously about as it went, as if it had lost something; and she heard it muttering to itself `The Duchess! The Duchess! Oh my dear paws! Oh my fur and whiskers! She'll get me executed, as sure as ferrets are ferrets! Where CAN I have dropped them, I wonder?' Alice guessed in a moment that it was looking for the fan and the pair of white kid gloves, and she very good-naturedly began hunting about for them, but they were nowhere to be seen--everything seemed to have changed since her swim in the pool, and the great hall, with the glass table and the little door, had vanished completely.

圖 2-26：左右均對齊的文字區塊，在連字符號的情況下（左），會讓文字之間出現難看的空白和空格之河（紅色標記處）。

除非你有很多時間進行調整，否則左右對齊的文字並不適合英文的內文排版。請盡量使用齊左（或者說右側不對齊）的文字，以確保易於閱讀。

將文字居中對齊的問題

居中對齊的文字適合用在標題的部份。如果擔心的話，請一律將文字左側依據設定好的網格加以對齊，讓所有文字都對齊左側以方便閱讀。整個段落文字設定居中對齊的話，一定會變得難以閱讀，因為每行文字的起始點都會跳來跳去（圖 2-27）。

Centered text can work for
headlines, but when in doubt, left
align your text against an
underlying grid so it all lines up for
easier readability.

圖 2-27：文字段落居中對齊時，左側邊緣無法對齊，變得難以閱讀。

行長

如果每行文字的英文字母數目超過 75 個或少於 45 個，段落就會變得很難閱讀。因此請確保文字段落在適當的行長範圍內（或將字體調整為合適的大小），以便讓各行文字的長度能達到最大的可讀性（圖 2-28）。

It was the White Rabbit, trotting slowly back again, and looking anxiously about as it went, as if it had lost something; and she heard it muttering to itself `The Duchess! The Duchess! Oh my dear paws! Oh my fur and whiskers! She'll get me executed, as sure as ferrets are ferrets! Where CAN I have dropped them, I wonder?'

It was the White Rabbit, trotting slowly back again, and looking anxiously about as it went, as if it had lost something; and she heard it muttering to itself `The Duchess! The Duchess! Oh my dear paws! Oh my fur and whiskers! She'll get me executed, as sure as ferrets are ferrets! Where CAN I have dropped them, I wonder?'

圖 2-28：行長過長的段落會變得難以閱讀。

快速技巧

現在你已經吸收了這些新資訊,接下來我們就要介紹一些快速技巧,這些技巧可以協助你在各方面加快排版的速度。

免費字體資源

大部分漂亮的字體通常都要花錢購買,這對專業設計師而言相當值得,但對像我們這樣的業餘愛好者來說,可能就不太划算。

幸好像 Google 字體(*hellobks.com/hwd/32*)(圖 **2-29**)以及 Adobe 字體(*hellobks.com/hwd/33*)(圖 **2-30**)這類網站,已經提供許多漂亮的字體,可以直接在網頁設計或印刷設計上使用。Google 字體可以下載使用,Adobe 的 Creative Cloud 功能則可讓 Adobe Fonts 裡的網路字體,同時使用於設計和各種簡報軟體。

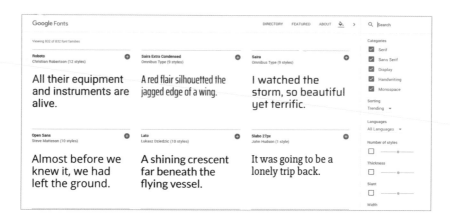

圖 **2-29**:Google 字體(*hellobks.com/hwd/32*)

圖 2-30：Adobe Fonts 字體網站（*hellobks.com/hwd/33*）

Adobe 產品內容的螢幕截圖，已經過 Adobe Systems Incorporated 許可刊載。
此頁面的某些部分來自透過 Google 創建共享的作品，並根據「知識共享 3.0 許可」
（Creative Commons 3.0 Attribution License）中所述條款使用。

雖然還有其他免費的字體網站，但是這兩個網站擁有最大量的字體，且
其字體也美觀易用。

精選字體網站

光是 Google 字體和 Adobe Fonts 字體網站裡就有成千上萬種字體家族和字體，所以我們如何為自己的設計選擇最佳字體呢？

答案當然不是一直捲動瀏覽過幾百種字體，一次又一次閱讀為了呈現字體而預設的那個句子（保證任何人都不會錯過）。你應該做的是造訪那些精選字體網站，用他們細心挑選過的精美免費字體來縮小選擇範圍。

這些網站讓我們更容易選到適合自己網頁設計的字體，並幫你選到美觀且專業設計的字體（圖 2-31）。

Beautiful Web Type 網站
(*hellobks.com/hwd/34*)

Typewolf 網站（*hellobks.com/hwd/35*）

Brick.im 網站（*hellobks.com/hwd/36*）

Font Pair 網站（*hellobks.com/hwd/37*）

圖 **2-31**：各種精選字體網站，精選免費字體並推薦最佳選擇。

實際範例

現在我們就來修改一下小工具範例，限制自己只能使用兩種字體：一種襯線字體和一種非襯線字體（圖 2-32）。

圖 2-32：換上新的、較有凝聚力的字體後，小工具範例看起來變得更加專業了。

小工具範例上的新字體（Tisa Pro 和 Tisa Sans Pro 兩種）擺在一起，看起來比先前使用的四種單獨字體更加專業。

如同顏色一樣，「排版」也是內容廣泛、有趣的一個主題。希望這個簡短的章節能對你有所幫助，成為讓你進一步學習更多內容的良好平台。

利用專家已經精選過字體的網站來縮小選取範圍，並減少自己設計裡使用的字體數量，便可順利設計出具有精美字體的版面。

接著我們將要討論「留白」的部分，為你的設計提供呼吸的空間。

2.4 留白空間

如果你只打算使用一種工具來改善設計的話，我可以向你保證，「留白」絕對可以帶來最大的改變，因為頁面上的留白空間，便是最終極的「雜亂消除器」。

留白空間也被稱為「負空間」（negative space），也就是空無一物的空間（所以不一定要白色）。基本上，留白是頁面中的空白處，也就是在頁面元素之間的空間（圖 **2-33**、**2-34** 和 **2-35**）。

當我們進行設計時，經常會忍不住想用各種訊息、連結或其他有用元素來填滿整個設計。因為這些留白的空間，感覺就像被浪費掉的空間，本來可以用來擠進更多內容，說服用戶在你的網站停留更長時間，多用你的網站或購買產品等。為何不把這些留白空間都填滿呢？

事實上，一個混亂、擁擠的網站（即使擁有更多訊息），比起一個簡單、有呼吸空間但訊息較少的網站，效果絕對差得多。因為留白對於改善設計的感知方式和效果而言，無比重要。

圖 2-33：我們來檢視一下 Squarespace 網站上的留白空間。

圖 2-34：頁面上的留白部分以紅色範圍標示，背景圖像或圖案通常也算作留白空間。

圖 2-35：頁面元素或文字行距也都算留白空間。

留白空間的基本要素

以下是留白為何相當重要的原因。

留白可以提高網站被「理解」的能力

凌亂的網站設計讓用戶難以使用，為用戶帶來了過多訊息。簡單的網站讓用戶比較容易消化網站顯示的內容，不致被冗雜的多餘細節淹沒（圖 **2-36**）。

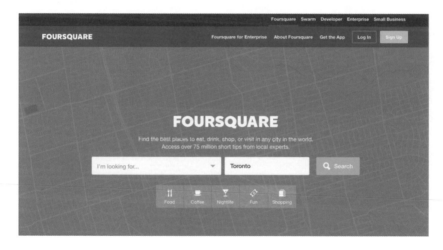

圖 **2-36**：Foursquare 網站上有大量留白空間，讓用戶知道該閱讀什麼，以及下一步該做什麼。簡潔的網站設計比較不會產生誤導。

留白空間提高可讀性

我們要重複一下上一節介紹過的內容，以確保你能牢記在心。

還記得我們在排版的部分介紹過「行距」（行與行之間的間隔）嗎？行距形成的留白空間，提高了可讀性。

留白空間太少的文句段落會整個糊成一團，但是留白過多亦會降低可讀性。這點無疑就是那種「過猶不及」，必須適當調整的情況。在文字行間或元素之間添加留白空間，便能協助用戶理解你想說的內容（圖2-37）。

Too little space between
lines in a paragraph
(leading) makes the
paragraph hard to read
quickly.

Give your lines a bit
of breathing room
(as mentioned in the
typography section)
for better readability!

圖 2-37：行距（留白空間）太少的段落難以閱讀。

同樣的，字母之間的間距（字距微調）也很重要。請確保字母不會太過緊貼在一起，並讓字母之間有足夠空間，這也會提高文字的可讀性（圖2-38）。

Not enough space between letters also
hinders readability.

Make sure you keep the natural
spacing between letters!

圖 2-38：字母之間的距離太近，也會難以閱讀，請添加一點空間來提高可讀性。

留白可以改善「行動呼籲」

網頁上如果擠滿了元素，會讓用戶難以識別你的「行動呼籲」（CTA、cll to action，例如「點擊訂閱按鈕」之類）。無論你希望讀者使用網頁上的哪個元素，如果能將它們移到空白處突顯出來，用戶便更有機會看到這個元素而加以使用。也就是將用戶的吸引力轉移到 CTA 上，並降低其他元素的干擾（圖 2-39）。

圖 2-39：T4S 網站用了大量的留白空間，凸顯出簡介文字和按鈕。

留白有助於奠定設計基調

開放、留白的空間，會讓人聯想到奢華和質感。留白空間較少且元素相互擠在一起的設計，則會讓人聯想到節儉、雜亂的感受，就像繁忙的跳蚤市場與奢侈品牌店面之間的差異。

如果希望你的設計帶給人豪華、專業、優雅或甚至優越感的印象，便可使用大量留白空間來加強這種印象（圖 2-40 和 2-41）。

圖 2-40：缺少留白的雜亂網站感覺廉價。

圖 2-41：Helm 遊艇網站擁有大量的留白空間，帶來奢華的感受。

快速理論

作為一位剛入門的新設計師，你的直覺會讓設計朝向留白較少（而非較多）的方向發展，因此我們要先帶各位看看設計中可以添加留白空間的地方。

行與行之間的空間

留白空間可以從文字內容開始看起。文字區塊需要呼吸的空間，請確實為文字行間（行距）留出足夠空間，提高可讀性（**圖 2-42**）。

圖 2-42：文字行與行之間的空間形式（紅色部分）。

元素彼此之間的空間

了解文字行與行之間的空間後，接著要來討論元素彼此之間的間距。包括段落與段落之間或段落與標題之間的空間，亦即任何彼此相互靠近的元素（**圖 2-43**）所需的距離。

各個元素之間的留白空間，可以把元素彼此分開，讓眼睛更有效的區分出不同組的元素。在圖 2-43 中，新聞信的訂閱按鈕（在文章標題的右側）和標題之間的留白，可以確保這兩個元素分屬不同的物件群組。

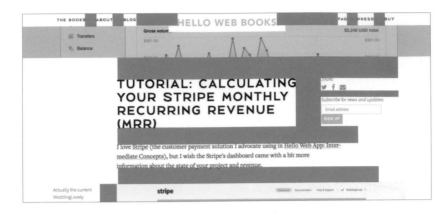

圖 2-43：元素彼此之間的空間。

元素群組之間的空間

從宏觀的角度看，我們還想確保元素群組的周圍具有足夠的空間。也就是在整欄元素與其他欄之間，或整列元素與其他列之間，以及頁面上的所有元素跟網頁容器（例如整個瀏覽器視窗）之間，留出空間（圖 **2-44**）。

圖 **2-44**：元素群組與周圍的留白空間。

快速技巧

有幾個簡單技巧可以讓你在設計中更有效的運用留白。

在元素之間使用兩倍的留白

請使用比你認為所需還更多的留白空間！沒錯，有時真的可能會留得太多，不過經驗告訴我們，新手在剛開始運用留白時，最好還是用比你所想像更多的留白空間。把直覺該留的空間「多加一倍」是相當合理的。請先留出比你想像還更遠的距離，休息一下，然後再重新評估。剛剛覺得太空的頁面，現在可能就會覺得相當自然且平衡。

確保文字段落裡有足夠的行距

再次重複我們在排版章節所強調過的，請記得保持足夠行距（段落裡各行之間的垂直距離），讓文字段落更容易閱讀。

實際範例

從我的個人網站刪除中間的留白空間之後，可以看出消失的留白完全改變了設計內容。沒有中間的留白，網站看起來較雜亂、業餘。添加留白之後，特別是加在空曠的頁面中央，讓整體設計看起來更專業也更具思考性（圖 **2-45**）。

也可以在小工具範例裡添加更多留白空間，例如加在文字行間以及小工具裡的各個元素之間（圖 **2-46**）。

圖 2-45：在個人網站中間加上留白的前後比較，有呼吸空間的設計比較不會雜亂。

圖 2-46：在文字行與行之間、元素彼此之間以及元素周圍添加空白後，讓小工具範例看起來更專業。

看起來是不是乾淨多了？我還均分了元素之間的距離（容器內元素周圍的空間相等，標題和內容之間以及內容與表單之間的空間也相同），這種均分的間距也可減少混淆和雜亂感。

將字體、顏色以及各種元素對齊，便可發揮極大作用。但對於建立美觀的網頁來說，增加網頁上的呼吸空間，才是設計工具箱裡最重要的工具。

接下來，我們將以「整體」的觀點來解決版面佈局的問題，從一些微觀問題開始，以宏觀的角度來看待整個設計！

2.5 佈局和層次結構

前面幾節討論的是一些比較固定的概念，例如顏色、字體、留白空間等。現在，我們要面對的是比較抽象的概念：佈局和層次結構。

佈局指的是決定頁面訊息如何排列，以及呈現訊息的優先順序。你所選擇的佈局會影響訊息被閱讀和理解的程度。前面已經談過「網格」，也就是將元素對齊，減少網頁上微小的像素差異，因為這些差異會讓整個設計感到雜亂。而元素的「位置」和「層次」，則是佈局上另外兩個重要的部分。

網頁上的元素可以擺在任何地方，到底該如何決定它們的適當位置呢？

一般英語文字是由左至右閱讀，亦即我們的目光會很自然的從頁面左上方開始瀏覽。研究證明大部分的網站使用者，會以「F」字形的方式瀏覽網站（圖 **2-47** 和 **2-48**）。

請善用這個研究的發現，建立從頁面左上方開始並一直延續到右下角的佈局。這也是為什麼大多數網站都把 logo 放在左上方，而不放在頁面底部的原因。

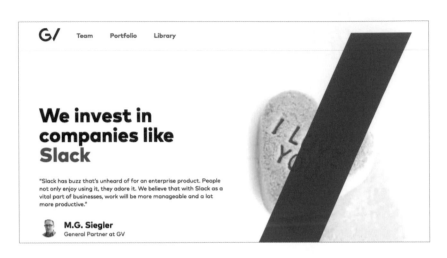

圖 2-47：Google Ventures 網站就是以「F」字形模式設計的絕佳範例。

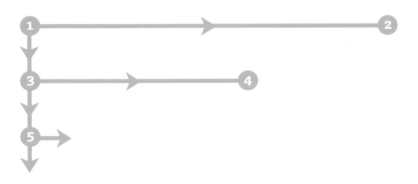

圖 2-48：眼球動態追蹤圖顯示讀者如何以「F」字形模式瀏覽網站。

接著我們要來談網頁設計的層次結構問題！當我們進行設計時，一定有某些元素比其他元素更為重要。我們的工作便是建立視覺上的層次結構，讓讀者和用戶可以看出哪些項目比較重要。從本質上看，視覺的層次結構可以導引用戶，幫他們決定要先看網頁的哪個部分（**圖 2-49**）。

圖 **2-49**：左側的結構沒有分出層次感，右側變更其中一個元素的大小，使其突出有層次感。

沒有層次結構的頁面會顯得平淡無趣，以下幾種選擇可以幫頁面元素加強重要性與增加明視度：

- **尺寸**：較大的物件會顯得更重要，而且引人注目。

- **顏色**：飽和度高的顏色會比對比度低的顏色，看起來更明顯；暖色調的顏色（紅色、橙色、黃色）會比冷色調的顏色（藍色、紫色、綠色），看起來更顯眼。

- **位置**：放在頁面左上角的元素會比較重要。

- **對比**：對比度較高的項目比對比度較低的項目更吸引目光。

- **留白**：周圍帶有更多留白空間的元素，看起來會顯得更重要。

- **字體**：字體選擇也可當作層次結構的另一項指標。只要在標題用一種字體，內容使用另一種字體，便可建立視覺上的層次感。

文字的排版對於網頁設計尤其重要，下面這段文字沒有視覺層次結構，因此整段文字的重要性均無差別：

> 我們即將舉辦派對！邀請您前來參加祖尼咖啡的週年慶活動。活動將於下午 6 點在紐約祖尼咖啡舉辦。需穿著正式服裝；請回覆是否參加。

可以加一點行距來提升層次結構：

> 我們即將舉辦派對！
>
> 邀請您前來參加祖尼咖啡的週年慶活動。活動將於下午 6 點在紐約祖尼咖啡舉辦。
>
> 需穿著正式服裝；請回覆是否參加。

一旦套用不同字體和顏色，層次結構就會變得更加明顯：

> **我們即將舉辦派對！**
>
> 邀請您前來參加祖尼咖啡的週年慶活動。活動將於下午 6 點在紐約祖尼咖啡舉辦。
>
> 需穿著正式服裝；請回覆是否參加。

這三種作法都能傳達訊息，但最後一個範例在視覺上最有趣，讓傳達訊息的層次結構立刻變得清楚。

要如何判斷是否已經在自己的設計中，正確加入了層次結構呢？請利用「瞇眼測試」（squint test）。瞇著眼睛看你的設計，直到設計內容模糊為止。

當內容模糊不清時，我們只能隱約看到頁面的佈局和各項元素時，就比較容易看出頁面上的哪個元素最為突出。

例如在「紐約時報」網站上（圖 2-50），Logo 和圖片會最明顯（注意廣告裡的橘色按鈕。這種突兀的作法並不理想，因為它分散了網站本身的注意力）。在網站內容裡，居中的圖片和最左邊標題最大的那篇文章也都相當突出。

圖 2-50：《紐約時報》首頁的模糊版本。當我們看不清文字的時候，內容的層次結構就變得更加清楚。

在進行設計時，請列出一張所有元素「重要性排行」的列表。接著檢查自己的設計，並根據元素在此設計中的外觀，對元素進行排名。看看這兩個排名列表是否能相互匹配？

當你無法建立視覺層次結構時，讀者或用戶也無法看出整個設計在哪裡開始或結束。這種混淆可能會減少用戶的參與度和轉換率，造成整個設計無法正常運作。

如果某個元素比較重要，或者必須放在視覺層次結構中的更高位置時，請根據前面提過的這些想法進行設計，並加以修改，例如修改顏色或變更位置、增加間距、調整排版，直到這個元素在視覺上看起來更加突出為止。

若你想打破設計裡的「F」結構模式，便可利用前面列出的視覺比重作法，建立適當的層次結構。舉例來說，要把人們的視覺注意力吸引到頁面右上角，便可把元素放得更大或讓顏色更鮮明。在一般元素的傳統放置下，「F」字形模式會是自然形成層次結構的好起點。由於我們的工具箱裡還有其他建立層次結構的方法，因而可以打破該模式，設計出看起來依舊相當自然的網站。

實際範例

讓我們來分析一下小工具範例，決定建立視覺層次結構的方法（圖 2-51）。

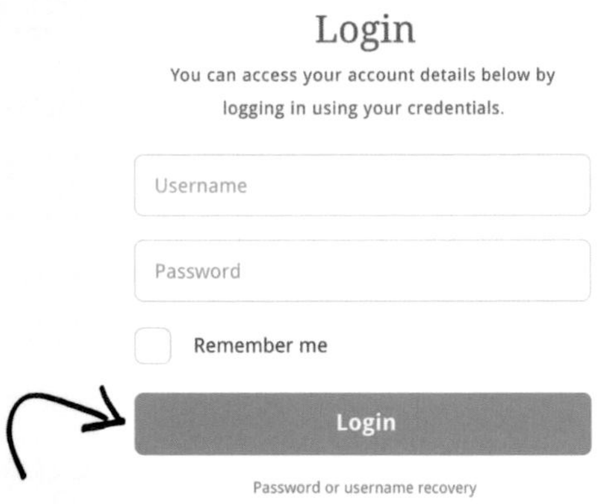

圖 2-51：登入按鈕的鮮豔顏色提高其視覺層次，因為我們不希望用戶錯過這個重要按鈕！

最明顯的兩個重要元素便是標題和登入按鈕。標題不僅與其他內容文字的顏色不同，字體也較大。而登入按鈕的對比鮮明，並使用小工具裡唯一的暖調顏色。

用戶可能會先看到標題或登入按鈕，接著視線才移動到小工具的其餘部分。因此我們在之前更新過顏色和字體後，便已建立了正確的層次結構。做得很好！

在前面幾個小節裡，我們討論了許多基本原理，包括顏色、字體和留白空間，版面的佈局則是這些概念真正合作之處。現在我們將從視覺設計轉移到考慮用戶體驗的部分。

下一節還會詳細介紹更多內容和層次結構，並討論網頁內容的基本原理！

2.6 內容

乍看之下，關於網頁「內容」的討論出現在一本談設計的書裡，似乎有點不太合適。然而如果能對單字和整個文字內容做出正確選擇，一定更能有效減少網頁的雜亂。

本節介紹的是網頁內容的基本原理和對應策略，用以協助你建立使用者易於閱讀且喜歡的內容，讓你的設計有更完善的運作。

內容密集的文字段落在螢幕上（而非列印出來）閱讀時，很容易造成混亂的感覺。研究證明線上閱讀者比較容易「跳讀」段落瀏覽，而非完整閱讀網頁內容，因此大塊的文字段落比較可能被跳過，而非仔細閱讀（圖 **2-52**）。

> 一般用戶很少逐字逐句閱讀網頁；
> 相反的，他們會掃描頁面，
> 跳著看個別單字或句子。
> 「用戶如何在網上閱讀」
> -- 尼爾森·諾曼集團（Nielsen Norman Group）
> （*hellobks.com/hwd/45*）

首先，當我們談到網頁內容時請記住：少通常即是多。

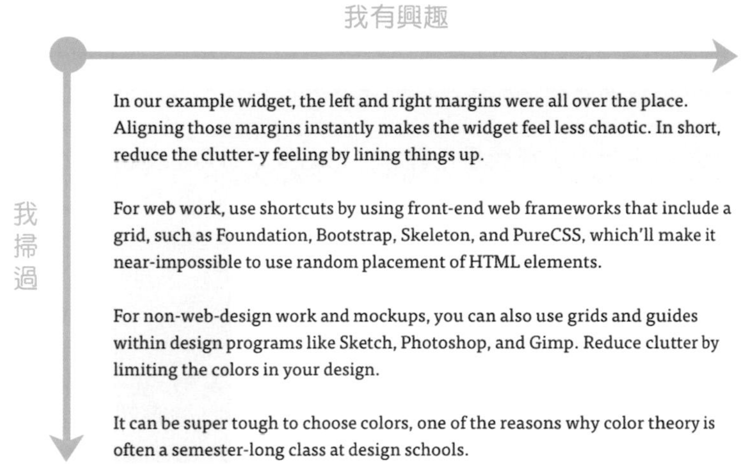

我
掃
過

In our example widget, the left and right margins were all over the place.
Aligning those margins instantly makes the widget feel less chaotic. In short,
reduce the clutter-y feeling by lining things up.

For web work, use shortcuts by using front-end web frameworks that include a
grid, such as Foundation, Bootstrap, Skeleton, and PureCSS, which'll make it
near-impossible to use random placement of HTML elements.

For non-web-design work and mockups, you can also use grids and guides
within design programs like Sketch, Photoshop, and Gimp. Reduce clutter by
limiting the colors in your design.

It can be super tough to choose colors, one of the reasons why color theory is
often a semester-long class at design schools.

圖 **2-52**：只有當用戶感興趣時，才會完整閱讀網頁內容。否則他們通常會繼續尋找
任何吸引目光的其他內容。

在網頁內容裡涵蓋所有可能細節，並使用大量專業的文字，可能會是相
當吸引撰文者的一件事。但請反向思考，也就是盡量少寫一點。使用更
易懂、更清晰的用詞，讓讀者可以在最少量的字詞間，理解你想表達的
內容。較大的文字段落看起來較為雜亂，經驗法則告訴我們，每個段落
請不要超過 2 到 3 個句子。

面對大量訊息時，請嘗試縮短再加以簡化。我們可以參考賈爾斯·科
爾本（Giles Colborne、*hellobks.com/hwd/46*）在《簡單和可用的網
頁、行動網頁和互動設計》（Simple and Usable Web, Mobile, and
Interaction Design）一書裡所用過的一個絕佳範例。

請注意，儘管 Mac 和 Windows 系統平台都支援 Chrome 瀏覽器進行瀏覽，但我們建議所有瀏覽本網站的用戶，都使用最新版本的 Firefox 網頁瀏覽器，以便獲得最佳效果。

儘管上面的說法在技術上來說是正確的，也涵蓋了所有的基礎知識，然而內容太過沉悶冗長，因此可以縮短成：

為了最佳瀏覽效果，請使用最新版 Firefox（Mac 和 Windows 下亦可用 Chrome）瀏覽本站。

語意仍然正確，也涵蓋了我們想說的所有內容，但句子更短、更一目瞭然。

談到網頁內容時，實在很難限制自己少寫一點。我也知道你有很多重要的話想告訴讀者！但請記住：無論你寫多少字，就算運氣好的話，讀者最多只會讀 80、100 或 200 個字而已。

當你提供的網頁內容超出讀者的閱讀意願時，他們很可能只會掃過或乾脆放棄閱讀。

如果你把最重要的訊息寫在一篇無所不包的超長文章內，那就等於冒著極大風險，因為讀者可能剛好把閱讀那 80 個字的時間，花在最不重要的內容上。

網頁的文字內容愈多，就愈難導引讀者該閱讀哪些內容。

若你無法用較少的文字來縮短內容，也可以把段落歸納成幾個項目符號，以此段文字為例：

我們進行了一系列修改：「註冊」這一章已經分成兩個部分，包括加入註冊，以及用物件與使用者相互關聯。由於本章以前篇幅過於龐大，因此經過修改之後會比較容易整理。管理者的所有螢幕截圖都已經更新，以反映新的 Django 1.9 樣式。一些錯別字已經修正，也已經把 django-registration-redux 的版本更新為 1.3。最後但也同樣重要的，就是簡介的部分也已更新。

這段文字便很適合用「項目」的方式分開敘述：

我們做了以下修改：

- 註冊一章被分為兩部分，從加入註冊到把使用者與物件相互關聯。該章以前過於龐大，現在則比較容易整理。

- 管理員的螢幕截圖已經更新，以反映新的 Django 1.9 樣式。

- 修正了一些錯別字，並將 django-registration-redux 版本更新為 1.3。

- 簡介也已更新。

項目符號和其他視覺輔助工具，都可協助讀者從一大塊內容裡挑選出訊息片段，讓讀者更有可能讀取這些內容。

我也鼓勵部分文字可以用粗體，尤其是在技術文件裡，因為粗體字可以協助人們注意到文章裡重要的部分，讓文件內容更容易瀏覽。

例如：

我們做了以下修改：

- **註冊一章被分為兩部分**，從加入註冊到把使用者與物件相互關聯。該章以前過於龐大，現在則比較容易整理。

- **管理員的螢幕截圖已經更新**，以反映新的 Django 1.9 樣式。

- **修正了一些錯別字**，並將 django-registration-redux 版本更新為 1.3。

- **簡介也已更新。**

最重要的部分以粗體顯示，讀者便可輕鬆瀏覽內容，直接找到自己最感興趣的部分，依所需進一步閱讀。

是否注意到我們也修改了標題的格式！讓我們看看一般標題的作法。

歸納整理網頁內容的最佳方法之一，就是使用標題來分段。標題也是文字的一部分，用更大、更突顯的樣式呈現，介紹接在其後的段落內容，讓文字更易於瀏覽與閱讀。

標題的意義很容易含糊不清，我們希望標題文字儘可能簡單明瞭，讓讀者容易理解且能維持興趣。因此，為了獲得更好的用戶體驗，請讓標題變短、語意清楚，並確保對讀者來說是有興趣且有益的話題。

舉例來說，請看我在自己的網站上，宣傳「Hello Web App」系列其他書籍的兩種版本。圖 **2-53** 的標題冗長而乏味。而圖 **2-54** 可以看到標題被重寫的更為簡潔明瞭，直接提到這本書對造訪此網站者的最重要用途，讓這些造訪者更可能進一步瀏覽我的網站。

圖 **2-53**：Hello Web App 網站標題非常冗長。技術上來說雖然正確，但讀起來很無趣。

圖 **2-54**：這個標題的語意仍然正確，但句子更短、更有趣。最重要的是，它確實可以更吸引讀者注意。

如果你要寫的是介紹產品的標題，或目的在引起人們注意的標題時，請記得以顯露產品「優點」的方式來撰寫標題，不要只描述產品的「功能」而已。

這類改變可能會徹底影響你的銷售業績。根據 webprofits 網站（*hellobks.com/hwd/47*）所進行的一項研究顯示（**圖 2-55**），把標題改成談論「獲益」而非談論細節，便可將轉換率（購買產品的人數）提高 52.8％。

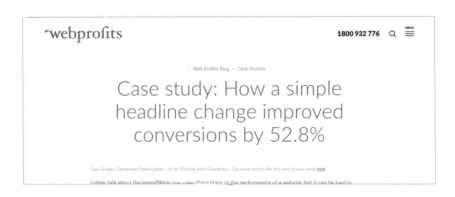

圖 **2-55**：在 webprofts（*hellobks.com/hwd/47*）的範例裡，把標題改成談論獲益而非談論細節，便能把轉換率提高 52.8％。

實際範例

讓我們回到小工具範例！在了解了這些網頁內容的原則之後，現在就可以大幅更新內容（圖 2-56）。

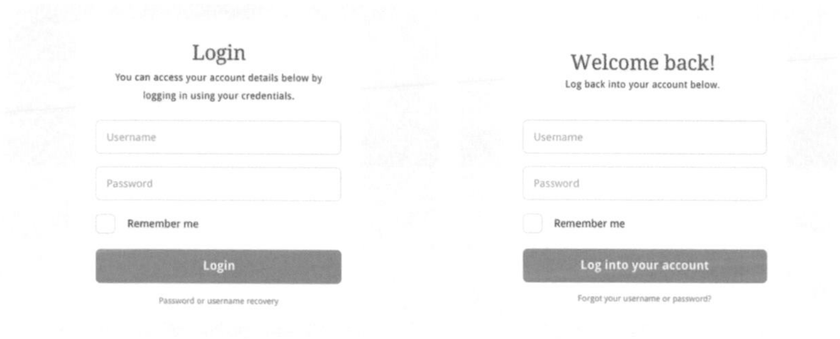

圖 2-56：我們更新了小工具範例的內容，讓內容變得更短、更清晰、更令人感興趣，也更容易理解。

我們已經把文字精簡了，並讓整個內容變得更有趣。這份表單已經變得更為友善，有著更人性化的句子。按鈕也從冷漠的「登入」，更新為聽起來更實用的「登入到你的帳戶」。總而言之，這些修改讓小工具範例在用戶看到時，變得非常容易閱讀、理解和使用。

網頁的文字內容看起來可能不屬於設計的一部分，但它確實相當重要。文字內容、寫法與遣詞用字，都會影響到你的設計（尤其是網頁設計）如何被使用者理解。因此請確保自己在進行設計時，撥一部分時間來改善網頁的文字內容和寫作的方式。

簡單的說，請盡可能減少並簡化網頁的文字內容，並把每個段落維持在兩到三個句子的長度。

這些網頁文字內容的整理工作，也要包含標題的部分。如果你的標題是用來介紹某個頁面或產品時，請確保標題要說明該頁面或產品如何「影響」讀者，而非頁面或產品的細節如何。

接下來，我們將要討論「用戶體驗」！

2.7 用戶體驗

這是把所有內容整合在一起的章節。因為我們努力讓整體設計令人愉悅且容易看懂，網頁內容簡短且易於理解，版面佈局一目瞭然等 .... 這一切的概念，都與用戶體驗息息相關。

用戶體驗（UX、User experience）是指用戶在使用你的網站時，所獲得的整體體驗，這是網頁設計裡最重要的部分。

接著我們就來分析一下用戶體驗的各個組成部分。

設計之前

在開始設計工作之前，我們必須面對幾個重要的問題：哪些人是你的理想用戶？他們的目的是想要什麼？而你的業務目標又是達成什麼？用戶體驗研究可以協助你回答上述這些問題。

舉例來說，當某人造訪你的個人網站時，目的可能是尋找更多關於你的作品或工作內容（這是造訪者的目的）；而你的業務目標則可能是讓他願意註冊你的個人電子報。

如果你的網頁內容是在 iPhone 上所推出的一個新 app 時，用戶在尋找的就可能是關於這個 app 的介紹，以及如何下載 app 的訊息。你的業務目標可能就是盡量讓更多人下載此 app。

所以我們要做到兩件事，包括客戶是否可以實現他們想要的目的，以及你是否能夠實現自己的業務目標。我們當然希望你的設計能夠同時實現兩者。

如果是比較小型的個人項目，可能不太需要進行用戶體驗的研究。但若是大型重要專案設計前的階段，就必須做一些研究來確定用戶是哪些人，其目的為何？

競爭分析

簡單的說，就是觀察自己的競爭對手並分析對方的優缺點。

在第 3.1 節「尋找靈感」中，我們將會介紹如何觀察一個網站，並從中找出也可以在自己的設計裡實現的想法和事物，因為觀察行業競爭對手是建立網站用戶體驗的重要關鍵。如此可以提供一種比較的標準，並能協助你創建優於競爭對手的用戶體驗，吸引他們的客戶。

調查和訪談

如果完全不調查你的客戶，就無法了解他們想要的或需要的是什麼？許多網頁設計師會陷入「為自己不了解的人們進行設計」的陷阱。舉例來說，如果從未規劃過婚禮，要如何設計出婚禮規劃 app？你可能對一個人在策劃自己的婚禮需求時，有著一些特定的思考和想法，但除非你真的跟曾經規劃過婚禮的人談過，否則很可能做出完全錯誤的假設。

你必須清楚了解預期中的理想用戶，到底從你的設計裡需要什麼或得到什麼。知道這些事之後，會讓你設計得更好，讓客戶能夠實現他們想要得到的目標，也能讓你實現更多自己想要完成的目標。

在設計過程中

你一定不想在花了大量時間撰寫程式碼之後，卻發現用戶對網站上的特定過程或使用流程（例如購買商品採取的步驟）感到困惑。為了避免這些失誤，我們可以用線框（wireframe）、原型（prototype）或可用性測試（usability testing）的模擬方式，對整個設計進行「測試」。

線框、原型和可用性測試

線框和原型是設計時所用的兩種較快速、低傳真度的模型。可用性測試則讓我們可以在進行完整的設計之前，獲得有關版面佈局和互動上的回饋。我們將在第 3.3 節「原型」中，進一步詳細研究這些概念。

線框和原型的作法，可以用來快速建構設計的「臨時」模型，呈現給其他人看，獲取回饋，並藉此了解你的佈局和流程是否合宜。研究證明，使用低傳真紙張原型的效果跟高傳真螢幕原型一樣，都能找到並解決重大的可用性問題。因此請儘早測試你的佈局和流程，節省寶貴的時間。

設計發布後

發布設計之後，還要追蹤自己的設計是否真正達成目標。例如網頁的轉換率如何？你的跳出率是否夠低，載入後立刻跳離網站的人數百分比呢？是否獲得了良好的客戶回饋？為了了解這些問題的答案，我們可以進行各種測試來觀察相關數據。

更多可用性測試

用戶體驗的重要關鍵之一便是使用合適的「分析套件」（例如 Google Analytics，*hellobks.com/hwd/48*），來收集有關網站發布後運行狀況的數據。

「A/B 測試」則是藉由目前已發布的網站，測試設計裡的某個部分。例如測試兩種不同的標題，看看哪個標題更能達成目標（假設目標是提高造訪者的購買數）。這種測試可以在網站發布後實行，以便不斷改善設計的執行狀況。

可用性測試是向別人展示設計、尋求回饋並確保除了你之外的其他人，都能順利使用你的網站。稍後在第 3.4 節「獲取回饋」裡會有更詳細的介紹。

快速技巧

這是我最喜歡的部分，也就是當我們考量用戶體驗時，必須記住的最重要的事。

讓預期操作容易被用戶找到並使用

無論你希望用戶執行什麼操作，都請確保該項操作的步驟容易找到且易於使用。

例如「提交」按鈕如果模糊不明顯的話，當然就不合理。鮮豔的按鈕比較突出，會使表單更容易提交（圖 2-57）。

submit me   submit me

圖 2-57：表單的提交按鈕相當重要（如同我們在前一節所討論的），左側的按鈕形式不太顯眼，右側的按鈕形式更容易找到與使用。

新聞訊息的註冊連結不該隱藏在內容中（還記得前面我們說過關於用戶「跳讀」的內容嗎？）。請用單獨一行來呈現連結方式，讓用戶更容易找到（圖 2-58）。

圖 2-58：如果希望有人註冊你的電子報，請勿將連結隱藏在內文中，務必突顯連結使其清晰可見。

注意網站內容的大小

如果網站載入速度太慢的話，很容易讓到訪者在尚未看到內容的情況下便跳離網站。因此請注意圖片的檔案大小；在家裏的大螢幕和較快的載入速度，很容易會讓你忘記還有很多人仍在使用接收效果較差的手機，或是在超過頻寬負荷的咖啡廳 Wi-Fi 下瀏覽網站。同時也要考慮 JavaScript 的問題；下載大量腳本會降低網站的運行速度，也會降低腳本的運行速度。

請使用各種不同的檔案大小，並在各種裝置的不同下載速度下，以多種瀏覽器檢查網站，確認網站載入的速度夠快。

運行可用性測試

我們將在第 3.4 節「獲取回饋」中，深入介紹可用性測試。基本上，請盡量多對他人展示自己的設計，獲得回饋。作為一位設計師，我們很容易對自己設計裡的問題視而不見，因此讓更多人一起觀看並發現問題，是非常重要的一件事。

加入分析

請記得在設計中加入「分析追蹤」程式，以便在設計發布後看到整體功效如何。至少也要考慮使用 Google Analytics（*hellobks.com/hwd/48*），或者類似 Segment（*hellobks.com/hwd/49*）這類客戶數據平台，以便結合 Google Analytics 或其他分析平台使用。

實際範例

回來看看我們的小工具範例（**圖 2-59**），你可以發現登入按鈕用的是明亮、容易被注意到的顏色。用戶決不會對如何登入感到困惑！

用戶體驗是那種很難在書裡完美呈現的東西。請記得盡量了解你的用戶到底如何關注你的網站，並觀察用戶在頁面之間如何移動（確保他們可以方便的移動），從其他外部來源獲得設計上的回饋，並注意在發布後，整體設計的效果如何。

恭喜你完成本節內容的學習！

圖 2-59：用戶體驗與層次結構息息相關。由於登入按鈕用了更明亮的對比色，讓表單的使用上變得更為方便。

2.8 圖片與圖像

目前為止，我們只在設計裡使用了線條、色塊和文字，然而圖片（以及圖像，例如圖示和圖形等）能在設計裡發揮極大的作用。在這個小節裡，我們將帶各位去尋找可以用於設計專案裡的圖片，以及如何更有效的運用圖像。

首先必須說明版權和許可的問題。一般人只要按滑鼠右鍵點擊圖片，接著選取「另存圖片」，幾乎就能下載所有在網路上搜尋到的圖片，然而你並不能直接使用找到的任何圖片，因為這些圖片都有版權保護，未經允許就使用他人的圖片是非法的行為。

值得注意的相關術語如下：

- **有版權管理的圖片**：通常會包括其他條款，以表明該圖片所允許的用途。

- **無版權圖片**：通常只要遵從圖片所附的條款，就可以使用該圖片。舉例來說，許多無版權圖片只能用在「非商業用途」，亦即你不能把圖片用於任何可能賺錢的應用程式中。

- **創用 CC（Creative commons）授權**：為內容創建者建立的系統，無需明確許可即可使用其作品。創用 CC 共享圖片的許可有許多方式，包括要求提供出處、禁止改作（不能更改圖片）、禁止商業使用或允許任何使用等。

如果圖片未被指定供人使用，就絕對不能用在自己的設計專案中。世界上大部分國家都採用了《伯恩公約》，公約規定即使未主張版權，在正常情況下版權均授予原作者。因此事實上，我們並不需要在頁尾放上網站的版權聲明！

基本原則

讓我們介紹一些在設計裡加入圖片時，必須記住的基本原則。

不一定要用照片或圖示

千萬別想著一定要在設計裡使用人物照片之類。光是靠字體和產品圖片，就可以做出很棒的設計（圖 2-60）。

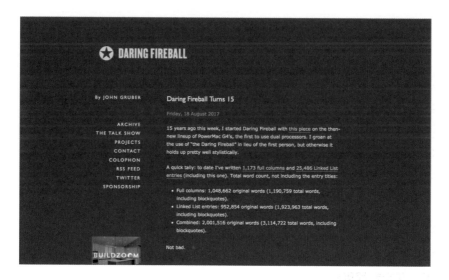

圖 2-60：約翰‧格魯伯（John Gruber）的 Daring Fireball 網站是個全部用文字建立的精美、成功的網站設計（logo 裡的圖示除外）。

使用不同的字體和樣式來處理文字的部分，就足以創建出美觀簡潔的網站，而不必忙著找圖片。

如果設計的產品是在網路上使用的話，該產品網站便只需使用「螢幕截圖」即可（圖 **2-61**）。

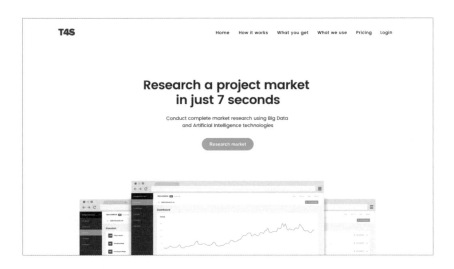

圖 2-61：T4S 網站相當乾淨，只用了產品的螢幕截圖。

以後隨時都有機會添加圖片和圖像，因此請先從一個乾淨的、文字為主的網站開始設計，讓流程更快完成而不必糾結在這些圖片細節上。

臉的效果強大

愉快的臉能激起快樂的情緒，生氣的臉則會引起憤怒的情緒。因此我們可以在設計裡用臉來加強想要觸發的情感，並讓圖片臉上的眼睛看向頁面重要的部分（圖 **2-62**）。臉孔等於是設計工具箱裡的強大工具。

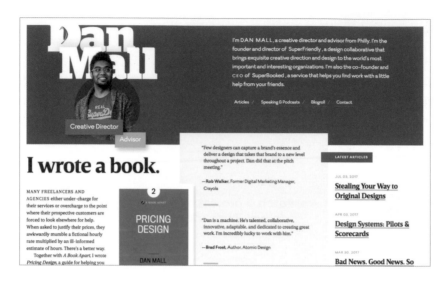

圖 2-62：丹墨歐（Dan Mall）的個人網站。丹的照片吸引了大家的目光，他的視線則將用戶導引至介紹文字。

注意檔案大小

圖片很容易讓網站的大小暴增，導致載入時間變慢，讓不想等待的用戶感到失望。此外，越來越多的螢幕是以更高的「視網膜解析度」呈現給用戶，因此像素較低的圖片面對更清晰的顯示螢幕時，會讓以舊解析度螢幕為主的照片和圖像顯得更模糊。

牢記這些原則：

- **確保你的圖片是「必要的」最大尺寸。**例如把一張 2000px 的圖片放入只要 1200px 大小的容器內，完全沒必要。

- **提供視網膜和非視網膜解析度圖像。**請先設置好 HTML 和 CSS，讓使用視網膜解析度螢幕的人可以下載更大、解析度更高的圖像。而在傳統螢幕上觀看的人，將會載入較小的圖像，不會浪費像素。請參考執行此項操作的最佳指南：*hellobks.com/hwd/54*。

當心看起來像素材庫圖片的素材庫圖片

在 Google 上搜索「stock photos」（圖片素材庫網站），便會出現許多素材網站。這些網站通常宣稱可以提供各式各樣的最佳圖片（付費和免費），但其中也有很多劣質圖片。因此請盡量把時間花在大型圖片素材庫網站如 iStock 上（圖 2-63），並尋找比下面這張例圖（未來的數位建造之類）更「自然真實」一點的圖片。

圖 2-63：iStock（*hellobks.com/hwd/53*）網站上面可以找到許多合適的圖片，但要當心那些姿勢太假或不自然的圖片。

圖示

圖片適合作為背景和大元素的用途，圖示（icon）則像是輔助符號，也就是支援內容和設計所用的小圖形。圖示雖非必要，但確實可以讓你的設計更具特色。

圖示為內容呈現一種「圖解」的形式，協助用戶吸收訊息。Kile 網站有效使用了圖示，把內容以抽象的方式呈現，吸引用戶的目光到三欄式的功能說明上（圖 2-64）。

圖 2-64：Kite 的網站圖示簡單而有效。

當然，這也是另一個必須注意授權許可之處。如同照片一樣，圖示當然也受到版權保護。

快速技巧

圖片網站

我最喜歡、看起來也比較自然的圖片素材庫網站是 Unsplash（*hellobks. com/hwd/56*）（**圖 2-65**），裡面也提供許多免費的 CC 授權圖片。

其他常見圖片素材庫網站包括 IM Free（*hellobks.com/hwd/60*）、picjumbo（*hellobks.com/hwd/61*）、iStock（*hellobks.com/hwd/62*）、Gratisography（*hellobks.com/hwd/63*）和 PhotoPin（*hellobks.com/hwd/57*）（**圖 2-66**）。

形象（圖示、圖形和插畫）

若想用圖示為你的設計增添些許特殊形象，請嘗試使用帶有預先設計圖示的網站，例如 The Noun Project（*hellobks.com/hwd/58*）（**圖 2-67**），或透過可訂製圖示設計的網站如 Fiverr（*hellobks.com/hwd/59*）（**圖 2-68**）和 Upwork（*hellobks.com/hwd/64*）等。

圖 **2-65**：Unsplash（*hellobks.com/hwd/56*）網站是獲得較自然圖片的絕佳來源。

圖 **2-66**：PhotoPin（*hellobks.com/hwd/57*）網站可以搜尋 Flickr 裡的創用 CC 共享圖片。

圖 **2-67**：TheNounProject（*hellobks.com/hwd/58*）網站包含許多可以在設計中使用的不同創用 CC 共享圖示。

圖 **2-68**：需要找人設計圖示嗎？試試 Fiverr（*hellobks.com/hwd/59*）網站。

實際範例

我們的小工具範例已經變得易讀、留白適當且方便使用。但如果再透過背景圖案，精緻的陰影和有趣的圖示來添加一些修飾，便可將外觀再次提升（圖 2-69）。當然通常沒有這些小細節也能完成設計專案（在一些趕時間的設計案裡，我自己就常跳過這個步驟）。但如同各位所見，面對重要的設計專案時，花費這種改善的時間確實值得。

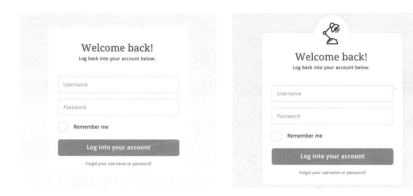

圖 2-69：我們的小工具範例已經相當不錯了，但在添加了背景圖案、淡淡的陰影和有趣的圖示後，又將其提升到了另一個層次。

接下來，我們將介紹一些難以歸納在先前提到的這些原則裡，但又很隨機有趣的補充設計。

2.9 補充花絮

讓我們用一些有趣的設計花絮來複習一下本章的內容。這一小節不光涵蓋了前面介紹過的內容，還包括某些不適合歸納在這幾個類別下的內容。這些內容都很有趣，可以為你的設計工作增添些許趣味。

從簡單開始

剛開始進行設計時，可以選擇較簡單的介面和設計，讓你的工作輕鬆一點。雖然簡單的版面佈局、用戶介面（UI）和用戶體驗（UX）可能會讓你感到無聊（並不會！）。但對新手來說會比較有效且容易掌握（圖 **2-70**）。

不要害怕從簡單開始做起，不論如何，我們都可以在第一次網站改版時，添加更多元素或重新設計。

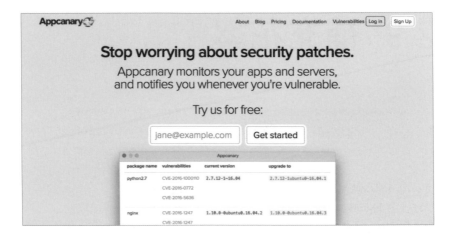

圖 **2-70**：Appcanary 的網站非常簡單有效。

請考慮使用「三分法」

「三分法」的概念經常運用在攝影中。因為拍攝對象居中的照片比較無聊。如果能將圖像水平和垂直都分成三等分；這些線的交會點便是放置構圖焦點的最佳位置，可以創造出視覺上更有趣的照片（**圖 2-71**）。

同樣的方法也可以應用於網頁設計，這也是「三欄式」網站設計在視覺上吸引人的原因之一，你可以沿著這些線條放置背景圖像和重要特徵（例如臉部）（**圖 2-72**）。

同樣的，我們當然也可以（通常應該）打破這條規則，但要牢記這是很好用的概念。

圖 2-71：三分法。圖片焦點並未居中，而是沿「三分法」的交叉點放置，以獲得更具吸引力的構圖。

圖 2-72：Comovee 的網站背景大致對齊頁面的三分之一處。

避免純黑色

純黑（自然界裡並不會出現）會讓你的設計顯得單調不自然。因此請使用不要太黑的顏色。以十六進位值來表示的話，大約 #222222 便很適合當標題的顏色，內文顏色則可用 #444444，而非 #000000。也可以使用特定的 CSS 屬性 RGBA（color:rgba(0,0,0,0.2);），讓文字顏色比背景深，而不要使用純灰色（圖 **2-73** 和 **2-74**）。

白色雖然沒有鮮豔的感覺，但在設計中使用接近純白色的效果仍然很不錯。

光線應來自上方

若要為設計元素添加陰影或漸層時，請將其設置成像是來自正面或從上方照亮的樣子（圖 **2-75**）。因為從下面往上照亮的物體看起來不太自然，人們習慣光線來自上方（如太陽、吸頂燈等，圖 **2-76**）。

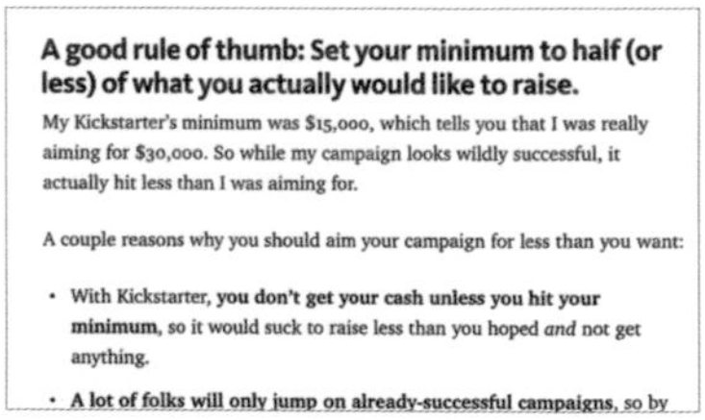

A good rule of thumb: Set your minimum to half (or less) of what you actually would like to raise.

My Kickstarter's minimum was $15,000, which tells you that I was really aiming for $30,000. So while my campaign looks wildly successful, it actually hit less than I was aiming for.

A couple reasons why you should aim your campaign for less than you want:

- With Kickstarter, **you don't get your cash unless you hit your minimum**, so it would suck to raise less than you hoped *and* not get anything.
- **A lot of folks will only jump on already-successful campaigns**, so by

A good rule of thumb: Set your minimum to half (or less) of what you actually would like to raise.

My Kickstarter's minimum was $15,000, which tells you that I was really aiming for $30,000. So while my campaign looks wildly successful, it actually hit less than I was aiming for.

A couple reasons why you should aim your campaign for less than you want:

- With Kickstarter, **you don't get your cash unless you hit your minimum**, so it would suck to raise less than you hoped *and* not get anything.
- A lot of folks will only jump on already-successful campaigns, so by

圖 2-73：黑色雖然易讀，但太黑看起來並不自然。

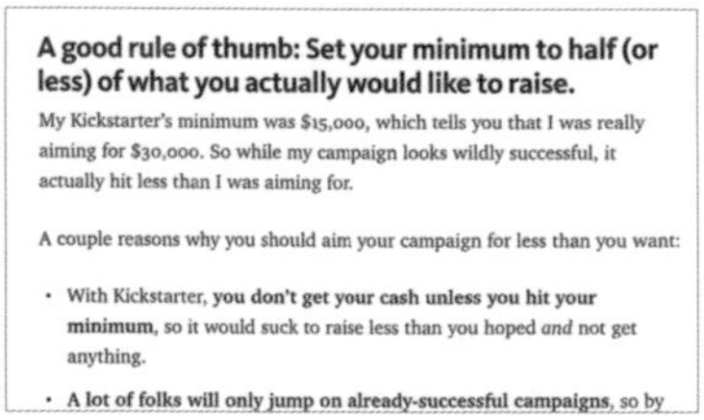

圖 2-74：深灰色仍然易讀，在電腦螢幕上看起來也舒服得多。

圖 2-75：光線來自上方，漸層顏色讓按鈕像是自然突出於頁面。

圖 2-76：光線來自下方時，按鈕看起來較不自然。

用對比突出重要內容

在設計的小工具或表單裡，都能利用「對比」來讓某些元素比較突顯（或不突顯）。這點對於表單來說特別有用，可以讓你分別設計出哪些部分看起來是可編輯區，哪些部分只是說明文字而已（圖 2-77）。

圖 2-77：與主要文字相比，表單的說明文字顏色較淺，表示重要性較低。

顏色的效果會因周圍環境而改變

調色盤裡看起來很可愛的桃色，如果放在明亮的橘色背景中，可能就會變成有點像棕色（圖 2-78）。這並不是因為調色盤選錯了配色，而是眼睛的問題，因為人類對顏色的感知取決於環境。請適時修改調色盤上的顏色，讓它即使在新環境中，也能在視覺上與背景搭配，因為調色盤裡的配色並非一成不變！

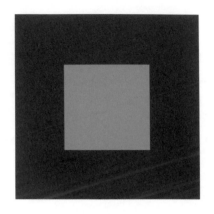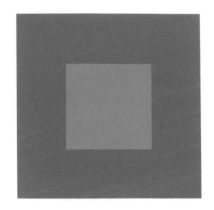

圖 2-78：兩個圖形內部的正方形顏色相同，但在右側範例中看起來更暗，更偏棕色。

注意文字壓圖的情況

我們在不同的小節討論了排版、可讀性和圖像等。然而將圖像和文字組合在一起非常困難，因為圖像本身會影響文字的可讀性（因此也會影響到設計的好用與否、圖 2-79）。如果文字不易辨識的話，請為圖像疊上一層有透明度的顏色（通常用黑色，但你也可以嘗試用白色或其他顏色，圖 2-80），或在文字後面加色塊。也可以把文字後面壓的圖像調模糊一點。

圖 2-79：依據背景不同，文字有可能變得難以閱讀。

圖 2-80：背景變暗可確保文字的辨識度。

常用操作的設計技巧

本書主要目的在於讓你設計的網頁，能把首次造訪者轉換為特定「動作」，也就是要避免用戶遇到任何必須「花時間理解」才能使用的設計。

有些每天都會用到多次的網站內部工具，可以讓我們在用戶「事先學習」和「提高使用流程效率」之間取得平衡。例如建立鍵盤快速鍵，或允許頁面擁擠，以便讓重要訊息同時呈現等。「彭博終端」（Bloomberg Terminal）便遊走在讓新手恐懼但對專業人士無可取代的邊界上，也是專業介面中「故意」顯得雜亂的範例（圖 **2-81**）。

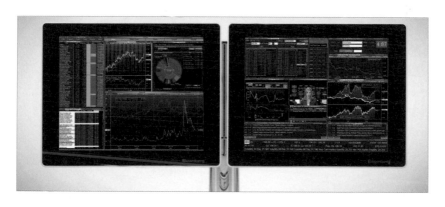

圖 **2-81**：彭博終端的設計雖然比較擁擠雜亂，但有「方便使用」的目的。

在完全理想的情況下，我們當然可以創造出兩全其美的設計：既直觀好用又美觀大方的設計，讓用戶能夠盡快執行任何操作。不過現實情況是我們經常需要在簡單性或功能上妥協，不論你的設計打算偏向何者，都必須是合理的決定。

行文至此，有關設計理論和快速技巧的章節便結束了！

進行到最後幾節時，小工具範例已經慢慢改善了，例圖是改變前後的對比（圖 **2-82**）。

圖 **2-82**：小工具範例的起點和現在的樣子。我們在每個小節裡，逐步加入改進的部分，
創造了一個更漂亮、更實用的小工具。

真是太棒了！

3 第三章
設計流程與
訓練你的設計眼

我們已經討論了很多設計原理和各種設計要素，現在要進入設計「流程」的討論。由於前一章最後幾節介紹了許多設計理論，所以接下來幾節的主旨便是要將前面學到的內容，放入真實世界的流程裡，協助你順利進行設計工作。

以下各節將帶你從頭到尾的實地觀察設計流程：從一開始尋找靈感，繪製專案草圖，獲取回饋到完成設計等。我們會抽象的討論這些步驟的概念，也會實際將它們套用到專案範例中，讓大家可以看到這些內容到底如何結合在一起。

就專案範例而言，我們將要建立的是一個虛擬的「開源專案」首頁。訪客在這個首頁上可以同時學習與使用專案，並提供文件下載連結，以及如何為此項專案做出貢獻的訊息。

現在，就讓我們開始吧！

3.1 尋找靈感

開始設計專案時，應該做的「第一件事」是什麼？

如果你認為應該先坐下來開始構思、繪製佈局草圖、規劃網頁內容，那麼你已經很接近了，不過這樣還不算做好準備。

直接坐下來立刻處理設計上的問題，而不事先做點研究或尋找靈感的話。就有點像是在無法上網查詢問題和錯誤的情況下編寫程式碼。雖然可行，但速度會很慢，而且問題會多到令人沮喪。

請把靈感視為一種視覺上的除錯方案。多觀看一些出色的設計和靈感，將有助於為自己在設計時所遇到的問題，找到可能的解決方案。

要到哪裡尋找靈感呢？就網頁設計而言，已經有大量網站收集並共享了許多優美的設計（圖 **3-1**）。

我們當然不能抄襲別人的設計。但如果找到自己欣賞的設計時，可以執行類似概念的操作（完全抄襲是最大的禁忌）。

你一定可以藉此得到版面佈局上的啟發，看到顏色、色調、圖像和字體的各種處理方式，並將你欣賞的設計概念，融入自己的專案中。請把重點放在你喜歡的特定部分，而非整體設計上，再將其概念應用在自己的專案。

The Best Designs 網站
（ *hellobks.com/hwd/67* ）

Unmatched Style 網站
（ *hellobks.com/hwd/68* ）

Awwwards 網站（ *hellobks.com/hwd/69* ）

Site Inspire 網站（ *hellobks.com/hwd/70* ）

圖 **3-1**：可以用來尋找網頁設計靈感的一些優質網站。

設計師的工作重點並不是要重新「發明」輪子，而是要注意那些已經變成一種傳統或已經證明有效的東西，協助我們將熟悉的流程和版面布局，融入自己的設計中，讓用戶可以更直覺的在網站上瀏覽你的產品。

《Hello Web App》一書的封面靈感，便是來自《A Book Apart》這一系列設計精美的書（圖 **3-2**）。

雖然我為這本《Hello Web App》的封面設計感到自豪，不過我必須真心承認，如果沒有受到《A Book Apart》一書的大力啟發，情況可能就會完全不一樣。參考這些書，可以協助我確定自己喜歡的尺寸和厚度，而書封上平直明亮的色彩，也為我帶來設計《Hello Web App》封面的靈感。

圖 **3-2**：我的書《Hello Web App》在左側，設計精美的《A Book Apart》系列叢書則在右側。

畢卡索有句名言：「好的藝術家懂得抄，最好的藝術家則直接偷。」當你找到喜愛的設計，而且自己也想做出那種設計時，無論喜歡的是佈局、顏色或字體等，請以此為靈感來設計出相似但並不完全相同的事物。

要使自己在設計上更出色，最有用的事情之一就是多觀摩別人的設計，並且認真思考它們的優缺點。在尋找靈感的過程裡，這會是一種很好的訓練方式！

你對其他設計的優劣思考（哪些是好的或壞的設計）越多，就越能訓練出設計師專屬的「設計眼」（design eye）和設計直覺，讓你更容易從頭開始創造出好的設計。

現在讓我們以 GitHub 首頁的設計為例（**圖 3-3**）。

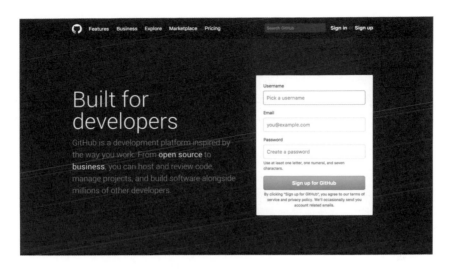

圖 **3-3**：GitHub 的首頁一直維持著美觀的設計，很適合作為「挑選好的設計決策」練習之用。

運用第 2 章「理論和設計原則」裡學過的這些原則來看，你認為上面這個網站做得如何？以下是我挑選出的優點：

- **大量留白空間。** 標題、內容文字和表格的上下四周都有大量留白空間，除了吸引視線還可以強調內容。剛好適當的空白，不多不少。

- **註冊表單位於正面中間位置。** GitHub 讓用戶很方便的在首頁就能註冊帳戶，不必上下移動到處尋找。請注意整體網頁設計裡預設的焦點即在「用戶名稱」（Username）處，因此可以很直覺的輸入文字。

- **內容裡的重要文字以粗體顯示並加上連結。** 「open source」（開源）和「business」（業務）都被加上連結，以粗體、明亮的顏色來顯示。整個設計一目瞭然，讓用戶可以清楚看到 GitHub 強調的兩個重點部分。

- **精緻的背景圖案讓留白空間不至於太空洞。**請想像一下，如果背景改成淺灰色時，整體設計看起來依舊不錯，但感覺就沒那麼精緻了。精緻圖案填滿留白空間的同時，也襯托了內容的部分。

- **主按鈕用明亮醒目的顏色。**整體設計為深灰色，讓鮮豔的綠色表單按鈕顯得更為突出。

你還看到了哪些不錯的設計決策呢？

請開始更用心的瀏覽網站，認真考慮哪些設計有什麼優缺點。經過一段時間之後，你的設計直覺便將得到改善。採取這種做法，就能讓你很自然的創造出更好的設計。

當你打算從事新的設計領域時，這點尤其重要。先從想要設計領域的優秀實例尋找靈感，並且觀察競爭對手的設計。先找出別人擅長的部分，然後在你自己的設計裡加入這些想法。接著挑選出你認為效果不佳的作法（特別是在競爭對手的設計中尋找），並確保在自己的設計裡能夠避免這些缺陷。

第 2 章所用的專案範例是小工具。在本章，我們將為假想的開源專案建立首頁。首先，上網搜尋其他開源專案，找一些版面乾淨而且在視覺上吸引人的首頁作為參考（圖 3-4）。

你應該可以看到某些設計上的流行趨勢，非常適合用在我們的首頁上：

- **大量留白空間：**開源專案的首頁通常很簡潔（跟媒體網站的首頁相比的話）。富有呼吸感、設計感的佈局，也跟一般針對開發人員的呆板首頁設計，形成鮮明的對比。

- **明亮的顏色：**都用了完整的背景，讓內容成為白色（或純色）背景上的焦點。

- **清晰、顯著的標題解釋了網站用途。**

Gulp

Rouge

Travis CI

Mocha JS

圖 3-4：一些設計良好的開源專案首頁，可以用來作為靈感。

- **程式碼放在最前面中間處：**這些為開發人員所開發的網站，當然應該在首頁就顯示相關程式碼，而非刻意隱藏程式碼。

設計流程裡的靈感部分因人而異，我選了四個自己很喜歡並且對我帶來啟發的設計；你當然可以選擇跟我不一樣的網站也沒關係！因為設計是非常個人的，最後我們總是會選擇能夠代表自己的東西。

3.2 規劃

你當然可以直接開始編寫程式碼，並用自己的想法建立網站。不過在設計流程的中間部分，預先做好網站的規劃、草繪網站的想法和佈局，並製作網站模型等，將可協助你嘗試更多想法，從中產生更好的設計，還能節省時間。只要預先付出一點努力，便能省下大量時間。

如果在進行素描和開發設計之前先做好一些基本計劃，就可以讓你的工作輕鬆一點。例如大概需要設計多少網頁？這些頁面需要何種內容？裡面會用到什麼樣的表單？表單大約要分幾區等等？

我們要把這個開源專案範例的首頁建構為一個頁面，裡面包含連向外部文件的連結，讓整個規劃簡單一些，亦即只需要一頁！

讓我們先列出在這個網頁上所需要的元素：

- Logo 或專案名稱。

- 可以概述專案內容的具體標題。

- 帶有連結的選單，包括說明文件、GitHub 頁面與作者的 Twitter 等連結。

- 顯示程式碼區（以呈現安裝簡便的特性）。

- 具有更多優點和功能的三個區塊。

- 網站貢獻者的正面說明。

- 頁尾要有重複的選單。

當然多數網站並不會這麼簡單。所以我們也假設了另一種情況，例如一位名為珍（Jane）的設計師，她的個人作品集網站。這種網站可能就需要多種頁面。

我們來決定一下珍的個人網站需要哪些頁面：

- **網站首頁**：造訪網站者所看到的第一個頁面。

- **關於作者頁面**：深入了解珍的背景和設計經驗。

- **作品集頁面**：珍負責的設計專案概覽。

   — **個別專案頁面**：這些頁面可能使用相同的版面佈局，因此可以將它們歸為一類。

- **聯絡頁面**：包含珍的工作地點與如何聯絡的訊息頁面。

很快的，我們馬上就知道至少需要五種基本類型的頁面，而且都必須進行版面設計。有了這些基本頁面後，還要了解每個頁面需要放入哪些內容？

- **每頁都有：**

  — 個人 logo 或名字。

  — 上方選單，列出網站中的所有主要頁面（也就是說，我們在上方選單只會列出前面那四個主要項目的連結，並不會列出每個專案的個別頁面）。

  — 在內容文字下方的頁尾選單。

- **網站首頁：**

  — 對於珍的作品簡短且激動人心的描述。

  — 珍的照片。

- **關於作者頁面：**

  — 對珍較長段的內容描述。

  — 展現珍的不同面向。

- **作品集頁面：**

  — 帶有珍各個設計專案的照片或螢幕截圖的照片牆，每張照片附上專案名稱，以及各個專案作品集的連結。

- **個別專案的頁面：**

  — 專案的代表圖片。

  — 專案的詳細說明。

  — 連結到外部資源（例如在 GitHub 上的程式碼，網站作品等）。

- **聯絡頁面：**

  — 簡短的介紹。

  — 電子郵件地址和公司地點。

— 與作者聯絡用的表單，包括姓名、電子郵件、簡短書寫內容的部分，以及提交按鈕等。

先做好計畫，列出所有頁面、所需功能、各種小工具和各個區塊等，將有助於規劃整個設計流程，並確保在繪製草圖和設計時，不會錯過任何重要元素。

在這個時間點雖然可以先跳過網站的編碼工作，不過我強烈建議各位先花點時間做網站原型（prototypes）來測試一下，我們會在下一節加以討論！

3.3 原型

比起直接編寫程式碼來說，先把想法畫下來並製作成網站原型，較能快速嘗試各種解決問題的想法。這個步驟通常會與靈感發想過程同時發生。所以當你在瀏覽所需的構想時，應該先記下這些找到的想法，並構思它們該如何放入你的設計中。

草圖似乎要比實際製作網站更令人感到害怕，也許你已經看到了如圖 3-5 所示的網站草圖。

所以如果有時間的話，你可以繪製如圖 **3-5** 所示的草圖，但事實上這並不是適合繪製草圖的方式。草圖的繪製應該更抽象一點，使用最少的細節並運用你的想像力，讓所有內容融合在一起。所以真正需要的是方框和線條就好，以方便畫下對於佈局以及外觀設計的初步想法（圖 **3-6**）。

也就是用一個快速簡便的速寫形式，開始草繪你的設計想法。這是我在素描本上重新設計 Hello Web Books 網站時，快速畫下想法的一些範例（圖 **3-7**）。

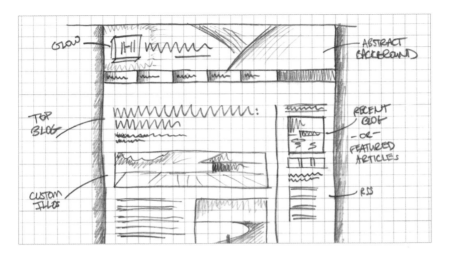

圖 3-5：草圖並不需要這麼多細節。

圖 3-6：低訊息草圖。波浪線代表標題或較大的文字，線條表示內文，方框代表按鈕，而畫 x 的方框則代表圖片位置。

圖 3-7：來自我筆記本中的凌亂（但經過數位化的）草圖，亦即我規劃中的 Hello Web Books 新網站的設計想法。

當然這些草圖也不會是完美對齊像素的圖，因為它們的目的是提供快速的版面佈局想法，以協助你開始設計網站。不僅快速、凌亂、簡單，而且絕不追求完美。

你可以稍微添加一點陰影，或用不同深淺的灰色來潤飾草圖，但在草圖初稿中，請盡量保持未增添樣式的狀態。不要用花俏的字體、不要著色、也不要有精確的尺寸。只要盡可能輕鬆的試畫第一次草圖，就能快速建立各種不同的想法（圖 3-8）。

圖 3-8：紙上繪製的草圖顯示了基本的線條、方框、圖像位置和內文區塊。草圖不必太過複雜。

讓我們回到專案範例中，為這個開源專案的首頁佈局，勾勒一些立刻想到的作法（圖 3-9）。

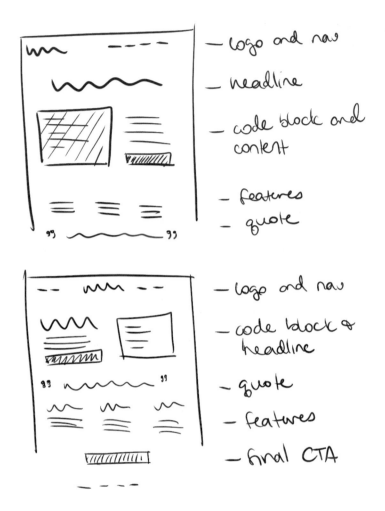

圖 3-9：幾幅速寫草圖呈現了我對開源專案範例的首頁，立即想到的兩個不同首頁佈局。

這是兩種不同首頁佈局的創意速寫草圖。建議各位在構思創意時，能夠繪製更多草圖。因為版面佈局越多，你要思考的想法就會越多，可以讓你在將來把選定的草圖轉換為線框架構時，更具信心。

如果沒有什麼特定想法的話，試著為自己喜歡的網站佈局繪製草圖，也是不錯的做法。

線框

接下來，我們要把速寫草圖落實得更具體一點。把草圖線框化可以建構出更多細節，並使用實際尺寸放好位置，更精細的呈現設計裡的實際間距。

有許多不同的軟體解決方案，都可用來完成這個階段的工作（**圖 3-10**）。

GIMP（*hellobks.com/hwd/77*）

Sketch（*hellobks.com/hwd/78*）

Balsamiq（*hellobks.com/hwd/79*）

UXPin（*hellobks.com/hwd/80*）

圖 3-10：一些可以用來將草圖線框化的軟體。

免費選項

- **GIMP**：免費圖像編輯軟體，*hellobks.com/hwd/77*

- **Inkscape**：免費且開源的向量圖形編輯軟體，*hellobks.com/hwd/81*

付費選項

- **Adobe Illustrator 或其他 Adobe 產品**，*hellobks.com/hwd/82*

- **Sketch**（**UI 設計軟體**），*hellobks.com/hwd/78*

- **簡報軟體如 Keynote**（**Mac**）**或 PowerPoint**（**Windows**），能讓你設置可點擊區域，讓它們在點擊時轉移到網站專案的不同簡報或頁面上，讓模型更具互動性，*hellobks.com/hwd/83*、*hellobks.com/hwd/84*

- **Balsamiq**（**網頁版線框軟體**）：*hellobks.com/hwd/79*

- **UXPin**（**網頁版 UI 與原型設計平台**）：*hellobks.com/hwd/80*

「線框」介於草圖階段和網站模型階段之間。在這個階段裡，我們還沒選定顏色或字體，只是在進一步思考網頁佈局和網站流程。

讓我們回到開源專案範例的首頁，用我所選定的草圖來建立線框（圖 **3-11**）。

我用了三欄佈局來規劃內容（請確保內容維持簡短、易於理解和振奮人心的文字敘述），並且釐清元素彼此的間距和版面佈局。一旦這些元素放好位置後，就可開始測試設計（請參見第 3.4 節：獲取回饋），並且嘗試各種想法，直到確定一些希望繼續發展的東西。

雖然線框階段仍然缺乏主要的設計決策，例如字體、顏色和圖片等。然而這種粗略的線框已經足以展示給別人觀看，獲取回饋，並當成進一步編寫程式碼工作的起始點。

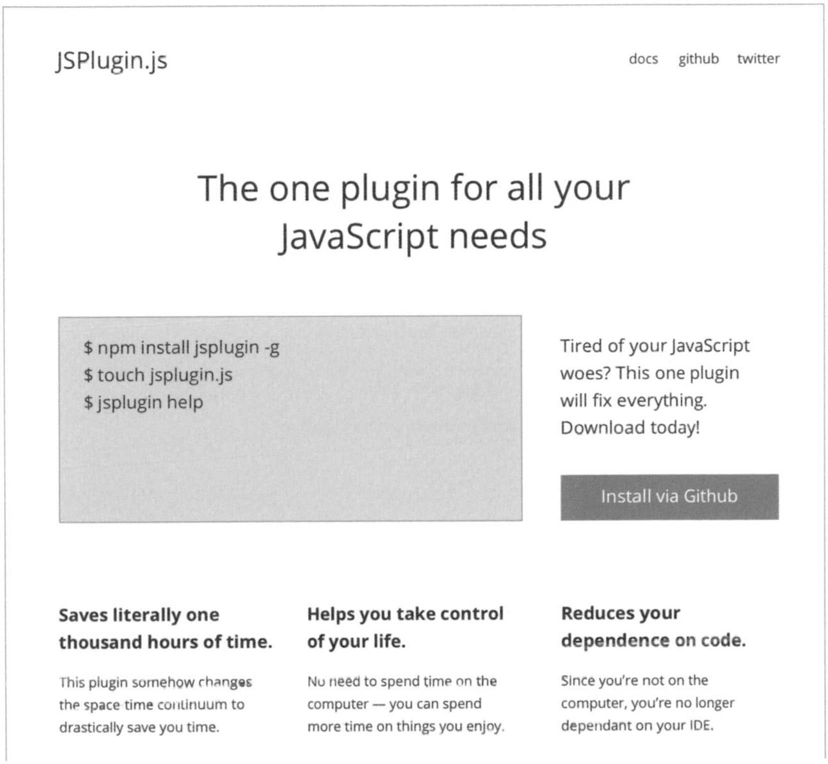

圖 3-11：基於草圖之一所轉換過來的快速線框圖。還沒有主要的設計選項，只先做好版面元素的佈局和間距等。

務必使用真實的內文，避免用假字如 lorem ipsum（中文如「滾滾長江東逝水 ....」這類設計軟體自動填滿的假字）。因為真實內容才能知道所需的文字長度，這點對版面設計相當重要。如果用假字填充的話，最後就可能遇到內文過長或過短的問題。

請多注意我們講過的內容原則，確保內容文字精簡、易於閱讀且振奮人心。在繪製草圖、線框圖和模型製作（亦即修改並測試不同版本的設計時）的各個階段中，都應一併修改和精簡文字的部分。

現在我們來看一個不太一樣的設計想法，以便得到另一種線框圖的參考範例（**圖 3-12**）。

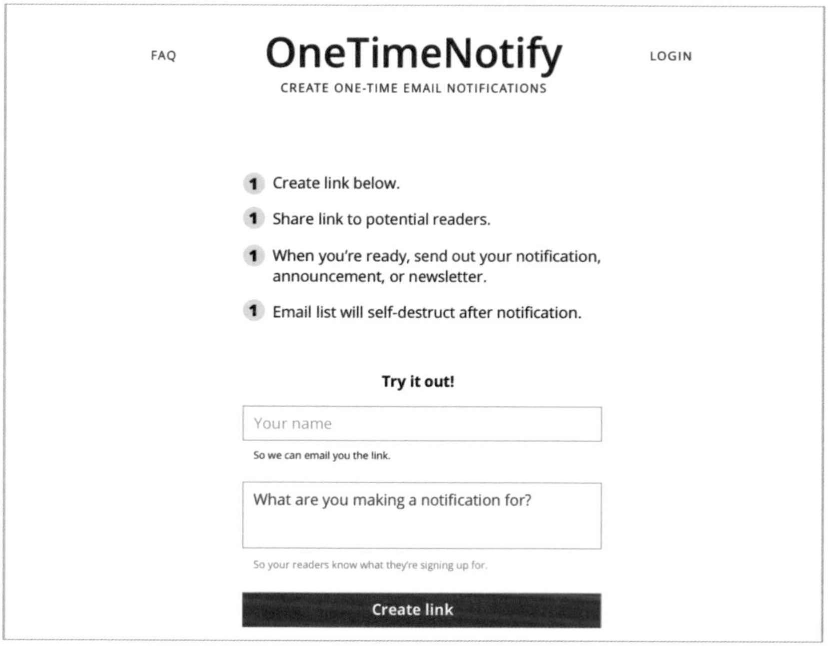

圖 3-12：另一種線框圖範例。

雖然同樣沒有特定字體或顏色，但是這種明快的線框圖，顯示了規劃下的佈局設計（主要為窄長欄型式與 logo 旁邊帶選單）和某些可能的設計決策（例如使用項目符號列表來顯示文字，以及高度剛好的表單，讓用戶無需捲動頁面即可看到）。

線框圖的好處是方便做出簡單的佈局決策，可以快速測試設計的想法，而需花時間糾纏在設計細節或更改大量程式碼上。

決定線框圖之後，很可能直接開始編寫程式碼，也可能還需要創建模型來探索最終的顏色、字體和圖像等。

建立模型

「線框」（Wireframe）屬於低傳真度的網站設計，因此我們還可以在編寫程式碼之前，用設計軟體建立一個高傳真度的「模型」（mock-up），如此便可在進入程式碼作業前，就能得知規劃完成的每個設計細節（包括字體、顏色、背景等）。

若你以前未使用過模型設計軟體的話，在設計流程的這個部分可能會有點困難。在本書第 5 章「其他資源」中，我會附上學習主要設計軟體基本技巧的相關教學和影片。

花點時間來建立模型的優缺點分析如下：

優點

- 在開始用 HTML 和 CSS 進行設計的階段時，可以先確實得知整體設計應該（或希望）呈現的樣子。

- 頁面元素可以輕鬆移動或修改，與直接進行編碼的情況相比，還有機會快速改變設計的想法。

缺點

- 多一個步驟會花更多時間。

- 進行網頁設計時，最終的網站成品必須具有回應能力（亦即該設計可以自動回應給出不同的版面，因此在較小的螢幕上看到網站時，也會跟在大螢幕上看起來一樣好）。由於大多數網站專案在設計階段都是靜態的設計，因此回應式設計比較難以建立模型。必須建立多個不同尺寸（移動設備、電腦等）的模型。

- 如果你不習慣用這些設計軟體（或者比較擅長編寫程式碼）的話，建立網站模型所花的時間，可能會比使用 HTML 和 CSS 進行編碼來得更多。

我們建立的網站模型應該包含先前對線框的內容和佈局做的所有決策，另外也要安排圖形、顏色、字體和其他更形美觀的設計調整（圖 **3-13**）。

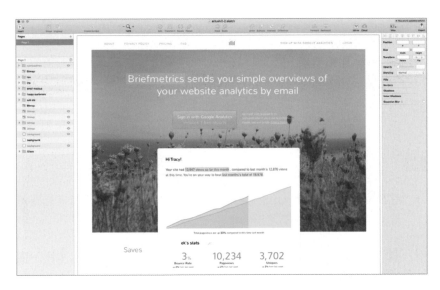

圖 **3-13**：使用 Sketch 設計軟體製作的網站模型，呈現出顏色、字體和圖像等決策。

讓我們以範例網站首頁的線框圖做為基礎，開始加入一些顏色、字體和圖像。把重點擺在讓第一稿「剛好足夠」發布並呈現給其他人看。因為隨著時間進行，我們還可以持續更新與改進設計（圖 **3-14**）。

圖 3-14：回到我們的專案範例。在添加顏色、圖像、字體和其他樣式決策後，網站已經從線框過渡到了模型階段。雖然這個例子目前還很簡單，但已經可以作為網站的第一個版本了。你可以先發布網站，然後再更新設計並隨時進行修改。

一旦完成網站模型後，就該進行下一輪測試，並與親朋好友分享你的設計（下一節會更深入介紹）。以確保你在花時間編寫程式碼之前，沒有遺漏任何重要的內容。

此時可以複製首頁的設計，建立其他頁面（例如「關於我們」頁面）的模型，或是建立在較小螢幕上模擬網站外觀的模型（**圖 3-15**）。

圖 3-15：我們把範例的模型進行更改，以顯示網站在較小螢幕上的外觀。請記住一點，在較小的螢幕上必須特別注意網站的可用性和可讀性。

在下一小節中，我們將介紹整個設計流程中非常重要的一環（我在本小節各處一直提到這個重點），也就是獲得回饋！

3.4 獲取回饋

設計最困難也最重要的一部分，就是獲得關於設計內容的回饋。

這點跟編寫程式碼的工作相當不同，因為你的設計並不會有「可行」或「不可行」的簡單答案。你不能光憑自己的看法就確定設計是否成功，還必須透過外界的回饋才行。這個看似簡單的步驟，也可能會是最困難的步驟，因為每個人都會擔心負面的回饋。如果他們討厭我的設計怎麼辦？如果他們發現了問題呢？

你可能覺得整個設計都很不錯，但這是因為你就是設計師——當你是這項設計的設計師時，你當然非常了解設計的所有內容、原理以及如何使用等。只有向別人展示整個設計之後，你才知道這些路徑和目標是否顯而易見。你的設計也許很漂亮，但在展示給其他人看之前，你並不知道這項設計是否會被欣賞或使用。

如果有人因此發現無法順利執行的操作問題，當然會讓設計師感到有點沮喪。發生這種情況時，請把它當成一種學習經驗，並請記住這些回饋都將改善你的設計，讓你學到新的知識。以包容的心態接受負面回饋，不必感到尷尬或受侮辱。早點聽到壞消息，絕對好過發布後才聽到。

不想聽到負面回饋是完全正常的，但是從長遠來看，找出設計上可以改進之處，將會讓你的設計更強大、經驗更豐富。因此請放下你的情緒，堅定自己的意志，以便能及早發現問題。

用新的眼光看待自己的設計

將設計呈現給他人之前,請先給自己一個機會來評判斷一下自己的設計。你只需要暫停設計工作(停幾個小時或一整晚),就有機會協助自己找出潛在的設計問題。這是獲得回饋最簡單的方法,因為你所要求給你設計回饋的人(也就是你自己),一定會答應的。

當你回頭觀看你的設計時,請與你的「設計師身份」保持距離,盡量扮演成潛在的用戶。觀察你的設計是否好用?易於閱讀和理解嗎?整體設計易用且直覺嗎?透過用戶體驗,想像一下用戶如何使用這個網站,並在分享設計給他人回饋之前,儘早發現所有「簡單」的問題。

快速得到設計新觀點的另一項技巧,便是拍攝螢幕截圖然後「水平翻轉」。如此仍會是相同的設計佈局,但你的大腦會失去一些熟悉度,因此能變得較為客觀,更容易發現問題。

對他人展示設計時的一些建議

雖然你可以把設計拿給其他人看,得到「看起來很棒!」的回應,並拍拍你的背,然後你繼續完成 .... 不過,這樣真的算是有價值的回饋嗎?

請確認自己想要的到底是哪一種類型的回饋?也許你希望有人幫忙發現設計裡的問題,而且你也願意接受任何回饋(正面或負面)或批評。又或者你可能只需要有人幫你在兩種選項之間做出選擇。也可能是你已經完成了 90% 的工作,只希望在發布之前能有一些細部的調整。

請先告訴對方有關設計所需回饋的詳細說明,並給對方多點時間來查看你的設計。光是快速瀏覽過是不夠的,因此請不要在其他工作的壓力下讓他們看,而是讓他們有時間真正批判性的考量你目前完成的設計。任何快速的回應都比較可能只涉及表面問題,或只是空洞的讚美。

如果你真的只收到正面的回應時，請試著詢問評論者是否有比較不滿意的地方。這樣較有機會得到深入一點的回應，也等於向對方表明你正在尋求（而不是避免）負面的回饋。

當你要求對方回饋時，也必須對收到的各種回饋進行判斷。請盡量尋求更多人的回應，只出現過一次的問題，不太算是真的問題。但如果某個問題一次又一次的浮現，那就表示你發現了需要解決的問題。

並非所有回饋都必須加以解決，這還要由設計師（也就是你）來判斷到底是真正的問題，或只是審閱者希望自己能幫上忙而硬提出來的問題。

對朋友和家人展示你的設計

無論如何，朋友和家人都是你獲得設計回饋最接近的人。這些最接近你的人，很可能比較想取悅你，多半會給出正面的回饋。因此在這裡很重要的一點，就是清楚表明你在尋找所有可能的回饋（正面或負面都可以）。

如果可以將設計展示給符合理想用戶的人（例如你正在為開發人員打造工具，那麼另一位也是開發人員的朋友，會是很好的測試者）當然不錯，但不要局限在此，因為任何人都可能幫你發現用戶體驗上的問題。

向陌生人展示你的設計

對陌生人展示設計雖然麻煩了點，但可能會產生更有價值的回饋，因為陌生人不會受到朋友關係的影響。

然而要到哪裡找到願意提供回饋的陌生人呢？

*   **駭客松**（Hackathon、或稱黑客松）、國際青年創業黑客松（Sprint）和其他社群活動認識的人。這些在志同道合的同行聚會認識的人，便是獲得設計工作回饋的最好對象。請禮貌的詢問對方是否願意花 5 到 10 分鐘的時間，看一下你的設計。

- **線上社群**。Reddit 網站的 design_critiques subreddit（*hellobks.com/hwd/85*）和 Bootstrapped.fm（*hellobks.com/hwd/86*）等開發者論壇社群，都有人幫忙查看設計的模型和網站的初期版本。網路的匿名特性會讓陌生人傾向給出負面的回饋，因此你必須過濾出哪些是有用的回饋，而且在這裡臉皮要厚一點（thick skin、對他人負評不必太介意）。

- **線上審閱服務**。有很多網路上的測試服務，可以讓你上傳設計的螢幕截圖，獲取回饋，例如「Five Second Test」（五秒鐘測試、*hellobks.com/hwd/87*）網站。

- **在咖啡店之類遇到的人**。你家附近沒有黑客松認識的同好嗎？可以嘗試最經典的網站可用性測試技巧，也就是在某家咖啡店裡買幾張 5 美元的禮品卡，然後詢問看起來友善的陌生人，希望他們能花五分鐘提供回饋，並告知會贈送小禮物（咖啡券或類似的東西）給他們。雖然在公共場所接近陌生人有點可怕，然而獲得陌生人對設計的回饋，是非常值得的事。

當你想要盡快啟動MVP（minimum viable product、最低可行產品）時，這種回饋的步驟經常會被跳過。然而獲得真實的回饋，絕對可以大幅改善專案的設計和可用性，藉此發現可能的問題或甚至會中斷專案啟動的問題。

如果害怕聽到別人對自己設計回饋的話，我可以向各位保證，只要多做幾次就會變容易了。請持續不斷的從他人獲得關於設計上的回饋！

3.5 為設計編寫程式碼

如果這本書要講到程式碼的話,書的厚度至少要膨脹到原來的三倍才裝得下!趁各位還能集中注意力的時候,我確實想談一談撰寫程式碼的「哲學」。

不必想著一定要原創

很多設計師會抱怨有太多網站看起來雷同(圖 **3-16**)。

作為初學者而言,請不要太想成為 100% 原創的人,而是應該找到 100% 有效的方法!有時令人感到類似的「熟悉度」,也會是設計上的優勢。

當你慢慢成為資深設計師時,在建立嶄新和原創的細節方面就會變得更好。但是當你剛入門時,請不要擔心你的設計是否與其他設計相似,例如前面提過的那些漂亮的(但佈局相似的)範例網站。當你的設計看起來與其他網站外觀類似時,並不會有任何人受到傷害(除非你逐字剽竊了整個設計;絕對不行啊!)。請記住,你的設計是否運作順暢,會比是否美觀來得更為重要。

在你能打破設計的規則和趨勢之前,請先充分了解它們。

圖 3-16：Bootstrap 是非常受歡迎的設計框架，也就表示許多網站都會具有類似的佈局。這個網站還拿 Bootstrap 來開玩笑。

使用 CSS 框架

專業設計師和前端開發人員經常瞧不起框架，其中最著名的框架就是 Bootstrap（*hellobks.com/hwd/5*），還有 Skeleton（*hellobks.com/hwd/7*）、Foundation（*hellobks.com/hwd/6*）或 PureCSS（*hellobks.com/hwd/9*）。這些框架會限制你的設計必須符合他們的作法，而且通常會內置設計樣式（這點同樣被抱怨，因為無法創造出比較獨特的東西）。它們也用了不必要的 CSS 和 JavaScript 來膨脹你的程式碼。

然而新手設計師的確可以從框架中受益，因為它可以大幅省下你花在 CSS、佈局和網站優化的時間。許多框架（例如 Bootstrap）隨附的設計項目，也等於提供一個很好的起點，讓你不必花大量時間去設計每個獨立元素。

在剛開始學習設計時，能夠盡快完成設計並發布比較重要。一旦網站發布之後，便可以花時間精簡程式碼與重新設計元素。

記住網站的回應能力

我們在前面的部分提過幾次「回應」的問題，當你開始需要編寫網站程式碼時，回應性就是經常需要關注的問題。

如今各種設備有著不同尺寸的螢幕（從智慧手機的小螢幕到超大型顯示器等），因此最重要的便是你的設計必須適用於多種螢幕格式。

只要寫入「媒體查詢」（media query、*hellobks.com/hwd/89*），就能指定適用於哪種螢幕尺寸的 CSS 規則。

而框架通常直接帶有回應功能，這也是我推薦框架的另一個原因。請多注意對你的設計有幫助的那些功能，例如 Bootstrap 的 CSS 類別「visible/hidden」（可見 / 隱藏），就能根據螢幕尺寸來顯示與隱藏網頁元素。

發布網站之前，請盡量以多種螢幕形式查看你的設計，以確保你設計的使用流程適用於各種尺寸的螢幕。無論用戶使用哪種觀看媒介，你的設計都要能正常運作（圖 **3-17**）。為響應式網站編寫程式碼相當花時間，但這對你的設計是否順利運行相當重要，千萬別忘記！

注意網站檔案大小

漂亮的圖片（正常圖片或視網膜等級圖片）、JavaScript、框架程式碼等，可能會在你尚未發現之前，就讓整個網站的下載速度變慢。請仔細檢查是否有辦法減少 CSS、圖片和 JavaScript 的大小，以便為網站進行瘦身。太慢的下載速度將直接導致網站用戶流失（圖 **3-18**）。

圖 3-17：Chrome DevTools（*hellobks.com/hwd/90*）可讓你在瀏覽器中以不同螢幕大小來查看設計，無需實體裝置即可查看網站相容性。

圖 **3-18**：Chrome DevTools 還可顯示網站的載入時間，讓我們查看可能拖慢網站載入速度的潛在因素。

使用分析

不要在發布設計之後就完全遺忘，請記得查看一下網站發布後的效果如何。你的跳出率（bounce rate、瀏覽後立即離開網站的用戶百分比）高嗎？有人查看你的「關於我們」頁面嗎？用這樣的數據來評斷設計可能有點難度，因為必須依據直覺和個人偏好等「定性」的判斷，不過分析數據確實可以讓我們做出更「定量」的設計決策。

分析界的黃金標準便是 Google Analytics（Google 分析、*hellobks.com/hwd/48*）。當然也有其他分析方案可以取代，其中之一便是 Segment（*hellobks.com/hwd/49*），它還可以很方便的併入包括 Google Analytics 以及 Mixpanel（*hellobks.com/hwd/91*）等其他分析服務。

恭喜你完成本章課程！我收集了許多相當有用的訊息，並將其精簡為更少、更易於理解的內容。希望閱讀本書至此，已經可以讓你對做出設計決策、規劃網站、建立模型和建構整個網站等流程，更具信心。

4 | 第四章
請放心

第四章

親愛的讀者：我從事設計和網站開發工作已有 20 年左右的經驗，所以毫無疑問的，我對每個新專案都會有以下的內心獨白：

> 「垃圾 .... 就是這個！」

有時並非「就是這個！」，可能只是「也許是這個？」但是最初的一大堆「垃圾」總是沒變，一直都出現在前面。

設計工作永遠都不容易，尤其是在新手入門時。你對自己的第一幅草圖和第一個模型的感覺，比較可能會是「糟糕」，而非「完美」。設計與編寫程式碼的工作並不相同，設計是定性而非定量的。亦即我們依靠自己的直覺來告訴我們，某些事物看起來和感覺起來是否「正確」？而且你很容易認為自己剛開始的前幾項工作並不順利。

「歡迎加入設計的行列！」

這並不是令人沮喪的事，相反的，我希望各位記住，當你進行新的設計專案而感到不順利時，對其他設計師來說也都是共同經歷的過程。透過不斷的修改、靈感、研究和工作等過程後，你的設計一定會得到改善。

當你持續思考這些想法時，你就不是一位糟糕的設計師，而是一位真正的設計師。

因此，不要放棄，繼續努力。我知道你一定可以做到！在一次又一次的修改，一項又一項的新設計專案後，一定會讓你變得更好。

5 | 第五章
其他資源補充

恭喜，朋友，你已經來到了本書結尾！

這只能算剛開始而已，希望你能對繼續學習更多設計相關內容，並在生活中更加自信的使用設計而感到開心。請查看以下各項資源，延續你的設計學習。

書籍

《好設計，4 個法則就夠了》（**The Non-Designer's Design Book**）第 4 版，羅蘋‧威廉斯（Robin Williams）著，Peachpit 出版社，2014 年。設計界的經典書，深入探討了我們在本書談過的基本原理，也涵蓋了我們並未提到的傳統設計概念（例如重複、近接和對比等）。

《字的設計有道理！》（**Thinking with Type**）第 2 版，修訂和補充，艾琳‧路佩登（Ellen Lupton）著，普林斯頓建築出版社，2010 年。字體學和字型史的權威指南，不僅涵蓋傳統印刷字體，也包括網路字體。

《如何設計好網站》網路易用性的常識作法（**Don't Make Me Think, Revisited: A Common Sense Approach to Web Usability**）第 3 版，史蒂夫 · 克魯格（Steve Krug）著，New Riders 出版，2014 年）

一本神奇，容易閱讀的書，帶你深入用戶體驗、訊息設計和易用性的研究。提供有關用戶如何瀏覽和體驗網站的見解，協助你建立更直觀、有效的網站。

《**A Book Apart**》（一本書的距離）*abookapart.com* 網站出版。

奇妙、精簡（150 頁或更少）的小書系列，幾乎涵蓋所有網站設計相關主題，包括易用性、前端開發、回應式設計等。

部落格與線上雜誌

Smashing Magazine：*smashingmagazine.com*（粉碎雜誌）

優秀的網站設計和前端開發文章與教學，出版超過 50 本設計相關的電子書。

A List Apart：*alistapart.com*（就差一個表單）

較多前端開發方面的內容。不過這裡也包含許多易用性、用戶體驗和實用主題內容，這些主題可以協助改善你的設計，讓用戶在使用上更為方便。

User Onboarding：*useronboard.com*（用戶上線）

實用且有趣的用戶上線體驗分析，了解主要品牌和應用是否有效（或無效）的好地方。

線上課程

Skillshare：*skillshare.com/browse/design*（**技術分享**）

提供相當廣泛的設計影片和設計教學的線上課程網站。從學習 Adobe Illustrator 到 logo 設計、字體設計等，是設計相關和影片教學的最佳線上資源網站。

Jarrod Drysdale 的 Theory Sprints：*studiofellow.com/theory-sprints*（**賈羅德 德賴斯代爾的迭代衝刺論**）

很棒的線上課程，可以協助你成為更好的設計師。如果你想投身設計行業的話，這裡真的是非常適合的線上課程。

靈感相關

Dribbble：*dribbble.com*（**原意為運球**）

「讓設計師呈現和講述設計。」Dribbble 讓藝術家和設計師展示自己的作品，而且會特別著重在小元素或設計細節上。

Awwwards：*awwwards.com*（**原意為得獎**）

由社群挑選出優質網頁設計，呈現其螢幕截圖。這是查看精美設計作品和當前流行趨勢的好地方。

Unmatched Style：*unmatchedstyle.com*（**無與倫比的風格**）

另一個收集優質網站設計的好網站。這裡的編輯還會分析這些設計為何很棒的原因，以及為何挑選它們的原因。

UI Patterns：*uipatterns.io*（**UI 模式**）

常見的設計問題和用戶介面問題（例如設計日期選擇器等）的解決模式收集網站，範例多以行動裝置為主。

色彩資源

挑選顏色

Colormind:
colormind.io

Adobe Color CC:
color.adobe.com

Material Design Palette:
materialpalette.com

色彩理論

WebAIM Contrast Checker:
bit.ly/1kVArrR

A Simple Web Developers Guide to
Color:
bit.ly/1RZzK6I

字體資源

字體靈感

Font Pair:
fontpair.co

Beautiful Web Type:
beautifulwebtype.com

Typewolf:
typewolf.com

Typ.io:
typ.io/libraries/google

Canva Font Combinations:
bit.ly/2fsSYA9

TypeSource:
tobiasahlin.com/typesource

網路字體

Google Fonts:
fonts.google.com

Adobe Fonts:
fonts.adobe.com

Brick:
brick.im

圖片資源

Unsplash: *unsplash.com*

picjumbo: *picjumbo.com*

IM Free: *imcreator.com/free*

Gratisography: *gratisography.com*

iStock: *istockphoto.com*

Noun Project: *thenounproject.com*

Fiverr: *fiverr.com*

CSS 框架

Bootstrap: *getbootstrap.com*

Foundation: *foundation.zurb.com*

Skeleton: *getskeleton.com*

PureCSS: *purecss.io*

mini.css: *minicss.org*

網頁分析

Google Analytics: *analytics.google.com*

Segment: *segment.com*

Heap: *heapanalytics.com*

Mixpanel: *mixpanel.com*

線框

UXPin: *uxpin.com*

Balsamiq: *balsamiq.com*

InVision: *invisionapp.com*

GIMP: *gimp.org*

Sketch: *sketchapp.com*

Inkscape: *inkscape.org*

Adobe Products: *adobe.com*

獲取回饋

Five Second Test: *fivesecondtest.com*

Reddit: Design Critiques: *reddit.com/r/design_critiques*

Indie Hackers: *indiehackers.com*

結語

讀者可以透過本書的 Twitter 帳號（*twitter.com/hellowebbooks*）或我的
個人帳號（*twitter.com/tracymakes*）與我聯繫。

更多本書的相關訊息可以在 No Starch Press 網站上找到，網誌為
https://nostarch.com/hello-web-design/

祝各位好運，記得保持聯繫！

參考來源

為方便參考，以下列出整本書中短網址及其原始網址。

第 1 章

http://craigslist.com/

第 2.1 節

https://960.gs/

http://getbootstrap.com/css/

http://foundation.zurb.com/

http://getskeleton.com/

http://minicss.org/

http://purecss.io/

https://developer.mozilla.org/zh-CN/docs/Web/CSS/CSS_Grid_Layout

第 2.2 節

http://webaim.org/resources/contrastchecker/

https://color.adobe.com/

https://www.materialpalette.com

http://colormind.io

https://www.smashingmagazine.com/2016/04/web-developer-guide-color/

第 2.3 節

https://fonts.google.com/

https://typekit.com/

http://beautifulwebtype.com

https://www.typewolf.com/google-fonts

http://brick.im/

http://fontpair.co/

第 2.5 節

https://www.nngroup.com/reports/how-people-read-web-eyetracking-evidence/

第 2.6 節

https://www.nngroup.com/articles/how-users-read-on-the-web/

http://www.simpleandusable.com/

https://www.webprofts.com.au/blog/case-study-headline/

第 2.7 節

http://analytics.google.com

http://segment.com

第 2.8 節

http://www.istockphoto.com

http://thenewcode.com/944/Responsive-Images-For-Retina-Using-srcset-and-the-x-Designator

https://unsplash.com

http://photopin.com

https://thenounproject.com

http://fverr.com

http://imcreator.com/free

https://picjumbo.com/

https://istockphoto.com

http://www.gratisography.com/

http://upwork.com

第 3.1 節

https://www.thebestdesigns.com/

http://unmatchedstyle.com/

https://www.awwwards.com/

https://www.siteinspire.com/

https://abookapart.com/

第 3.3 節

https://www.gimp.org/

https://www.sketchapp.com/

https://balsamiq.com/

https://www.uxpin.com/

https://inkscape.org

http://www.adobe.com

https://www.apple.com/keynote

https://products.ofce.com/en-us/powerpoint

第 3.4 節

https://www.reddit.com/r/design_critiques/
http://discuss.bootstrapped.fm/
http://fvesecondtest.com/

第 3.5 節

https://varvy.com/mobile/media-queries.html
https://developer.chrome.com/devtools
https://mixpanel.com/

如何設計好網站之 UX 與美學基礎

作　　者：Tracy Osborn
譯　　者：吳國慶
企劃編輯：莊吳行世
文字編輯：詹祐甯
設計裝幀：張寶莉
發 行 人：廖文良

發 行 所：碁峰資訊股份有限公司
地　　址：台北市南港區三重路 66 號 7 樓之 6
電　　話：(02)2788-2408
傳　　真：(02)8192-4433
網　　站：www.gotop.com.tw
書　　號：ACU083400
版　　次：2021 年 09 月初版
建議售價：NT$450

國家圖書館出版品預行編目資料

如何設計好網站之 UX 與美學基礎 / Tracy Osborn 原著；吳國慶
　　譯. -- 初版. -- 臺北市：碁峰資訊, 2021.09
　　　面；　　公分
　　譯自：Hollo web design : design fundamentals and shortcuts
for non-designers.
　　ISBN 978-986-502-939-5(平裝)
　　1. 網頁設計
312.1695　　　　　　　　　　　　　　　　110014355

讀者服務

- 感謝您購買碁峰圖書，如果您對本書的內容或表達上有不清楚的地方或其他建議，請至碁峰網站：「聯絡我們」\「圖書問題」留下您所購買之書籍及問題。(請註明購買書籍之書號及書名，以及問題頁數，以便能儘快為您處理)
http://www.gotop.com.tw

- 售後服務僅限書籍本身內容，若是軟、硬體問題，請您直接與軟體廠商聯絡。

- 若於購買書籍後發現有破損、缺頁、裝訂錯誤之問題，請直接將書寄回更換，並註明您的姓名、連絡電話及地址，將有專人與您連絡補寄商品。